图解家装水电设计与施工

Waterways and circuits

Design and construction

王军◎编

中国电力出版社
CHINA ELECTRIC POWER PRESS

内容提要

本书的编写从实用角度出发，以家装水电工程的理论知识结合CAD图纸实例，综合地讲解家装水电施工知识。汇集具有代表性的家装水电设计实例，以图文结合的内容形式来体现家装水、电路图纸中的各种细节设计，具有较强的实用性。

图书在版编目（CIP）数据

图解家装水电设计与施工/ 王军编．— 北京 ：
中国电力出版社，2017.1 （2024.1重印）
ISBN978-7-5123-9998-3

Ⅰ．①图… Ⅱ．①王… Ⅲ．①房屋建筑设备－给排水系统－建筑安装－图解 ②房屋建筑设备－电气设备－建筑安装－图解 Ⅳ．① TU82-64 ② TU85-64

中国版本图书馆 CIP 数据核字 (2016) 第 268412 号

中国电力出版社出版发行
北京市东城区北京站西街19号　100005　http://www.cepp.sgcc.com.cn
责任编辑：曹　巍　责任印制：杨晓东　责任校对：郝军燕
三河市百盛印装有限公司印刷
2017年1月第1版 · 2024年1月第8次印刷
710mm × 1000mm 1/16 · 11印张 · 270千字
定价：48.00 元

前言 Preface

家装水电路改造工程属于隐蔽工程，质量尤为重要，这是大家普遍认知的一件事情。水电施工需要理论和实践相结合，但大部分的非专业人士很少有机会进行这方面的实践，往往都是在进行过一次装修后才得到一些经验。知识经验的获取通常磕磕绊绊，并很难系统性地加以总结。

本书由理想 · 宅 Ideal Home 倾力打造，将家装水电改造基础知识与家装水电设计CAD图纸实例相结合。前部分章节的知识是与后部分章节的案例相关的具有实用性和针对性的基础知识，意在让读者将两部分知识结合，有指导性地帮助读者了解家装水电改造知识。

本书中的CAD水电设计案例经过精心地挑选，选择了不同户型、不同特点的家居功能区，包括客厅、餐厅、卧室、书房、门厅、厨房和卫浴间，在顶面和立面图纸上，标注出了所有水电项目的名称、位置、常规高度以及安装建议，例如适用的开关类型、插座类型及安装高度等，具有极高的参考价值。

本书内容是将实践中的知识通过图纸表现出来，不仅适合设计人员，也适合准备装修的业主参考使用。

参与本书编写的有孙淼、王军、杨柳、黄肖、董菲、卫白鸽、刘向宇、王广洋、安平、马禾午、谢永亮、邓毅丰、王庶、赵芳节、王效孟、赵莉娟、赵利平等人。

目录 CONTENTS

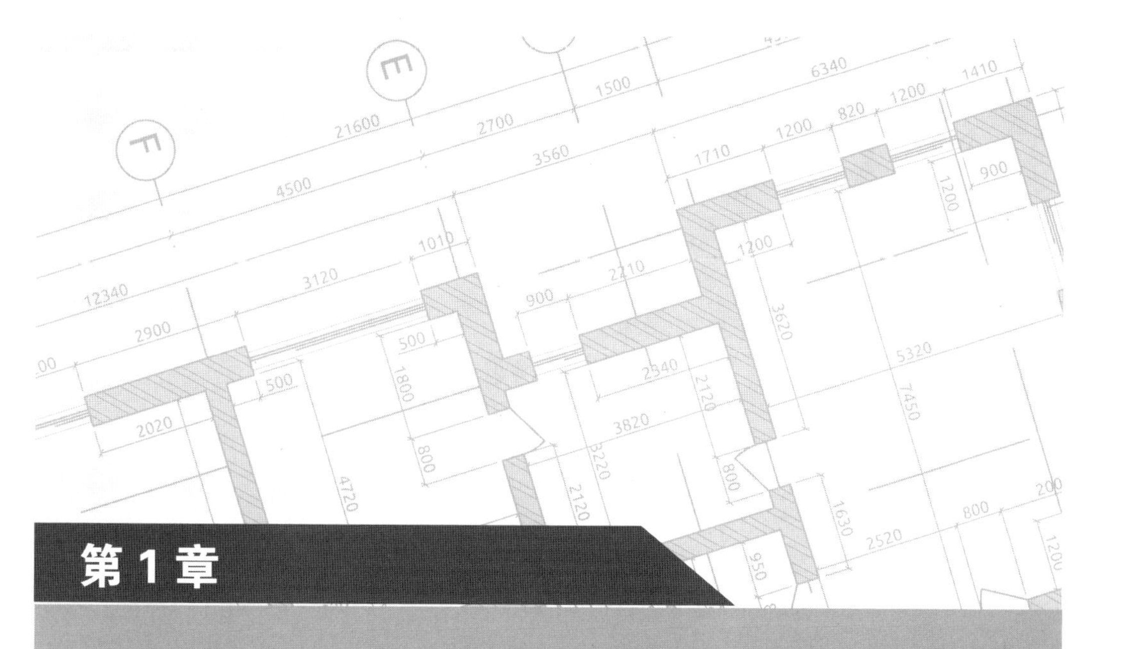

第 1 章

家装水电路图纸的识别

1.1 认识电路图纸常用电气符号

插座、开关等在图纸上的表示方法

在电路图纸上，不同类型的开关、插座为了方便识别，都使用电气符号来表示。认识这些电气符号，即能够清楚的从图纸上看出它们所代表的配件名称、所在位置和安装高度。识别常用电气符号是学会看电路图纸的基础。

常用电气符号意义及安装高度		
电气符号	代表意义	安装高度
	单极单控翘板开关	距离地面1.3m
	两极单控翘板开关	距离地面1.3m
	三极单控翘板开关	距离地面1.3m
	四极单控翘板开关	距离地面1.3m
	单极双控翘板开关	距离地面1.3m
	双极双控翘板开关	距离地面1.3m
	三极双控翘板开关	距离地面1.3m
	单极声光双控开关	距离地面1.3m
	单极单控限时开关	距离地面1.3m

电气符号	代表意义	安装高度
	单极单控密闭防水开关	距离地面1.3m
	两极单控密闭防水开关	距离地面1.3m
	单极单控带开关的插座	距离地面1.3m
	五孔防水插座	距离地面1.05m
	五孔插座	距离地面1.3m
XDG	消毒柜三孔插座	距离地面0.5m
X	洗衣机专用防水带开关三孔插座	距离地面1.3m
Y	油烟机专用三孔插座	距离地面2.2m
H	五孔防溅水插座	距离地面0.3m
	坐便器专用插座	距离地面0.3m
	地面插座	–
TV	电视插座	距离电视机下沿0.1m
T	电话插座	距离地面0.3m
C	电脑插座	距离地面0.3m

电气符号	代表意义	安装高度
W	可视对讲	距离地面1.3m
J	机顶盒	–
H2	双信息电话插座	距离地面0.3m
RD	弱点配电箱	根据现场制定
	球形灯	根据吊顶高度制定
	局部照明灯	根据实际情况制定
	花灯	底边距离地面不能低于2.2m
	防水防尘灯	距离地面0.3m
	嵌灯	距离地面0.3m
	台灯或落地灯	根据实际情况制定
	吸顶灯	距离地面0.3m
	壁灯	距离地面1.4～1.7m
	三根导线	–
n	N根导线	–
T	电视线路	–
	电话线路	–

1.2 识别家装水路施工图纸

家装水路图的内容

在水路改造之前，承接改造工程的公司应根据居住者的用水需求，出具专业的水路改造图纸。图纸上应该包括地漏的位置及数量，热水、冷水管线的走向和冷、热水口的位置。

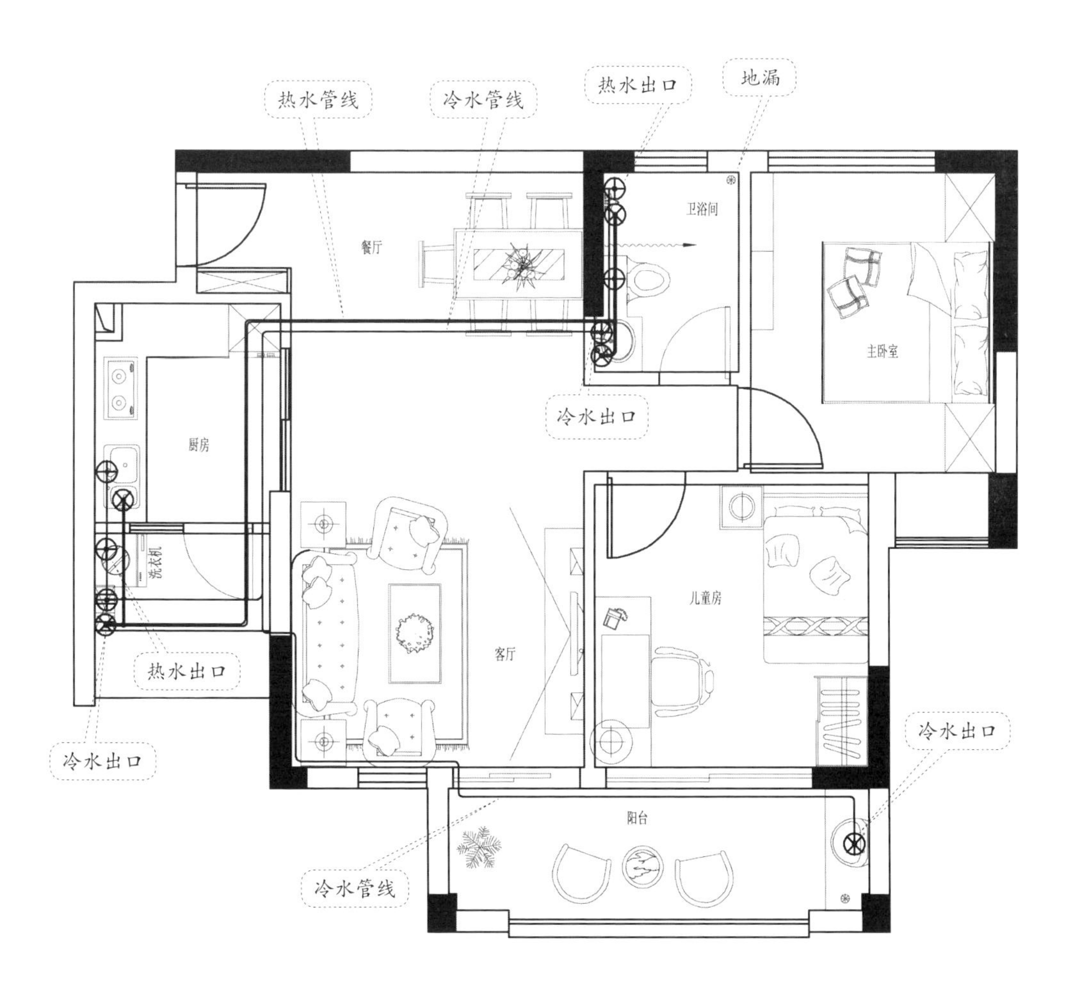

家装水路图

1.3 识别家装电路施工图纸

家装电路图的种类

家装电路图的种类比水路图要多一些，具体包括有照明布置图、插座布置图、弱电布置图及配电箱系统图。从照明布置图上能够了解照明灯具的类型、数量、开关连接方式和开关类型；插座布置图显示插座的位置、数量、类型以及安装的高度；弱电布置图上能够看出弱电插座的位置、数量和线路走向；配电系统图比前两种图更为专业，显示从电箱开始，所有电路配件、线路的名称、型号、功率、导线数量、布线方式等。

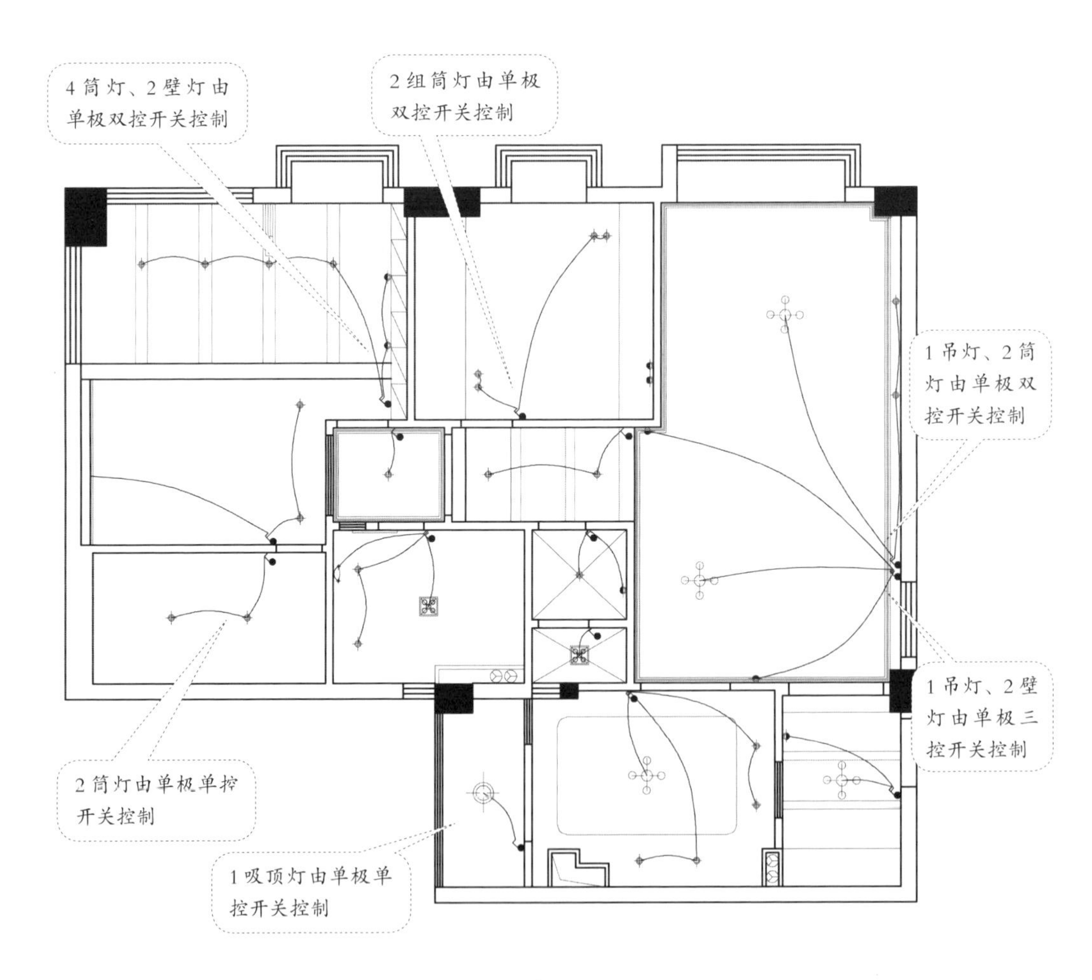

家装照明布置图

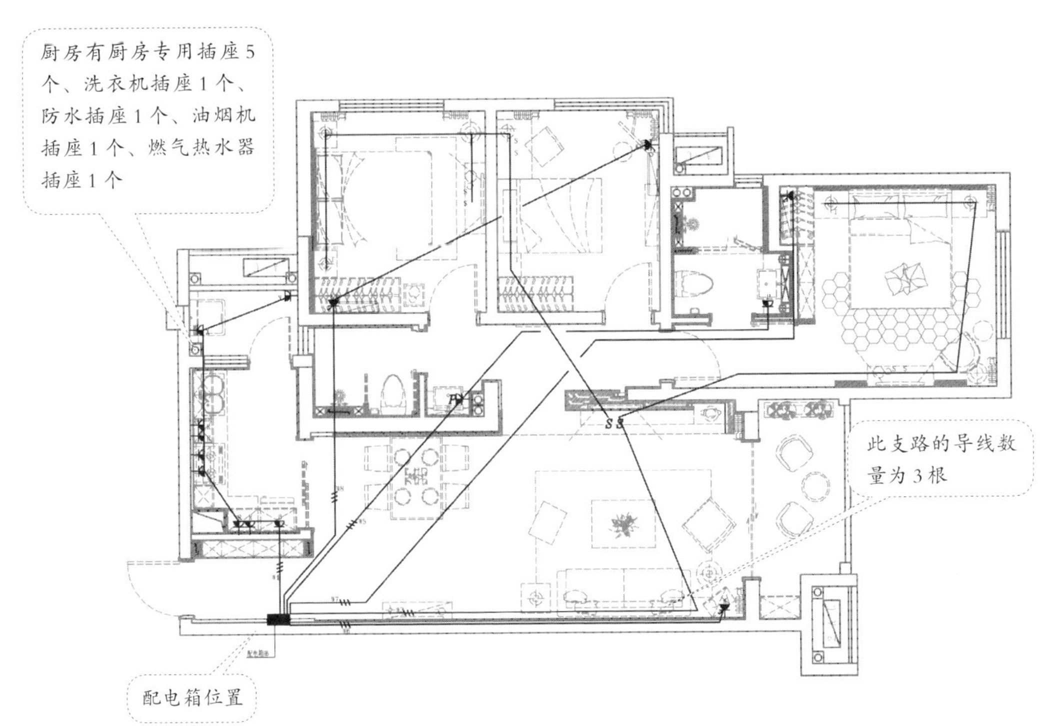

家装插座布置图

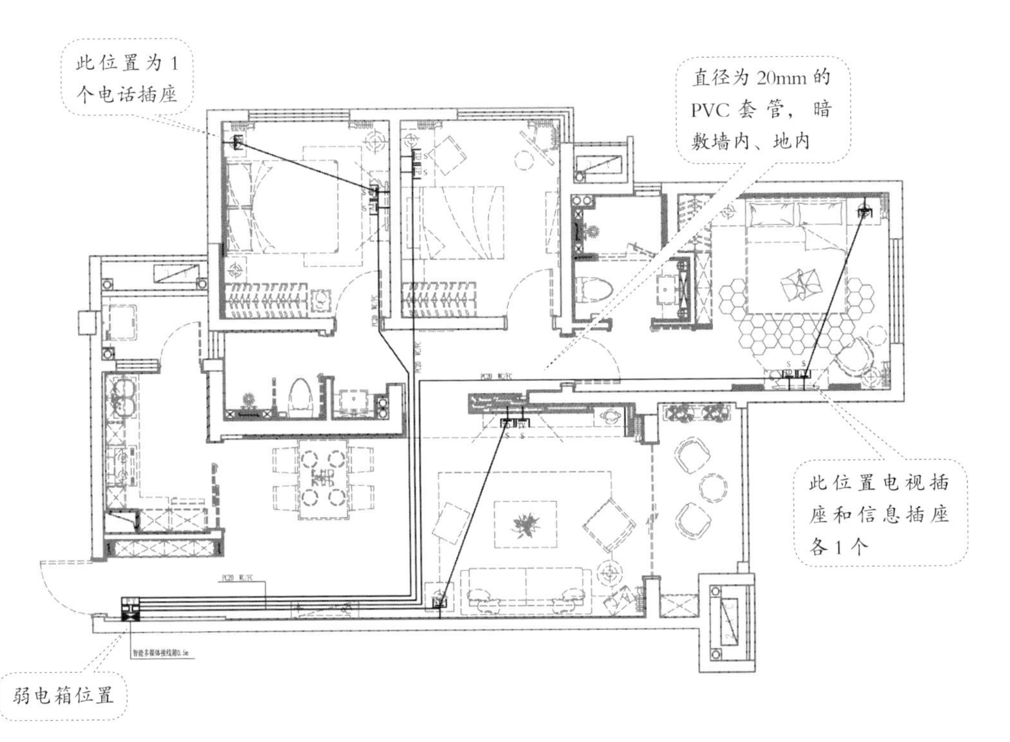

家装弱电布置图

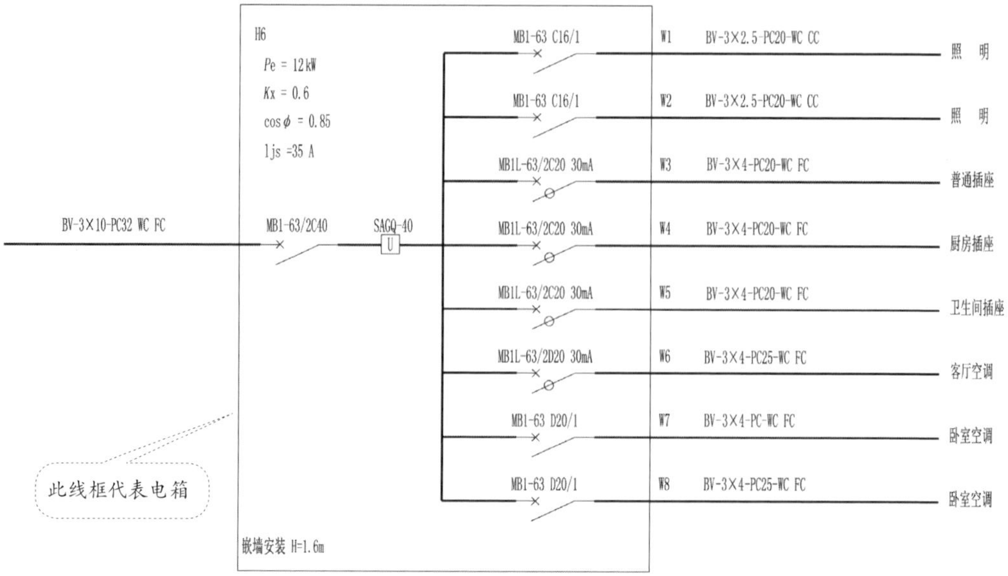

H6
P_e = 12kW
K_x = 0.6
cosϕ = 0.85
Ijs =35 A

BV-3×10-PC32 WC FC
MB1-63/2C40
SAGQ-40
U

MB1-63 C16/1　W1　BV-3×2.5-PC20-WC CC　照　明
MB1-63 C16/1　W2　BV-3×2.5-PC20-WC CC　照　明
MB1L-63/2C20 30mA　W3　BV-3×4-PC20-WC FC　普通插座
MB1L-63/2C20 30mA　W4　BV-3×4-PC20-WC FC　厨房插座
MB1L-63/2C20 30mA　W5　BV-3×4-PC20-WC FC　卫生间插座
MB1L-63/2D20 30mA　W6　BV-3×4-PC25-WC FC　客厅空调
MB1-63 D20/1　W7　BV-3×4-PC-WC FC　卧室空调
MB1-63 D20/1　W8　BV-3×4-PC25-WC FC　卧室空调

此线框代表电箱
嵌墙安装 H=1.6m

家装配电箱系统图

配电箱系统图例图中各符号意义	
BV−3×10−PC32 WC FC	铜芯聚氯乙烯绝缘电缆−3（根）×10mm²−穿直径为32mm的硬塑料管暗敷在墙面、地面
Pe=12kW	配电箱的额定功率为12kW
Kx=0.6	需要系数 0.6
cosφ=0.85	功率因数 0.85
Ijs=35A	计算电流为 35A
MB1−63/2C40	小型断路器型号
SAGQ−40	自复式过欠压保护器
MB1−63 C16/1	断路器型号为MB1−框架电流63A 额定电流16A/1P单极开关
BV−3×2.5−PC20−WC CC	铜芯聚氯乙烯绝缘电缆−3（根）×2.5mm²−穿直径为20mm的硬塑料管暗敷在墙面、顶面

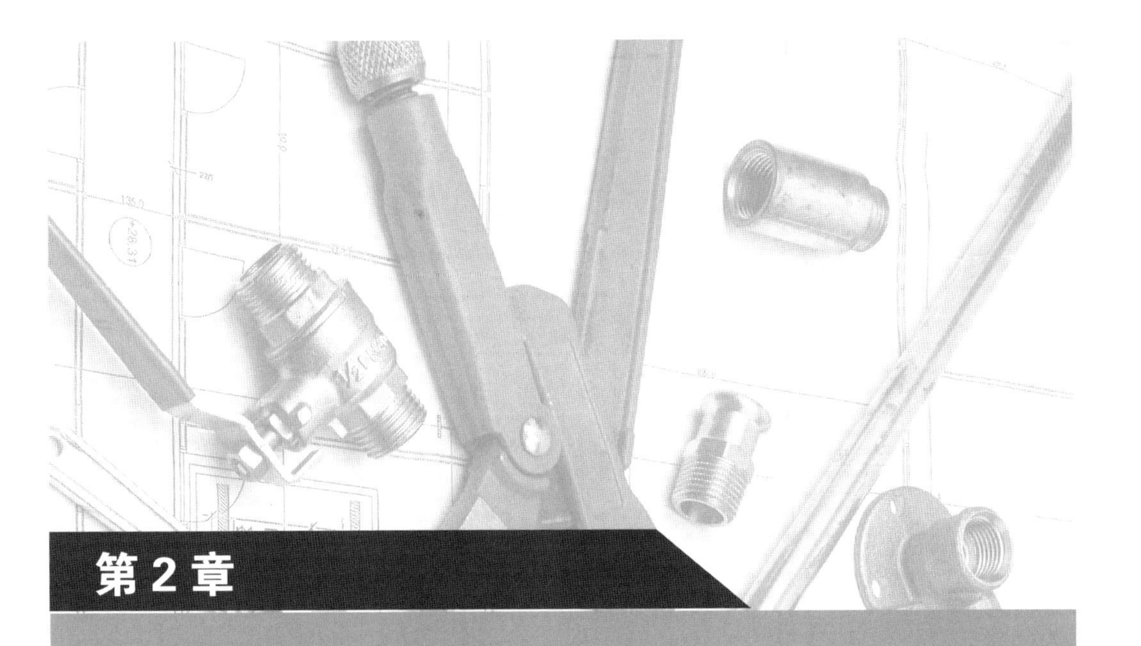

第2章

认识家装水电改造材料

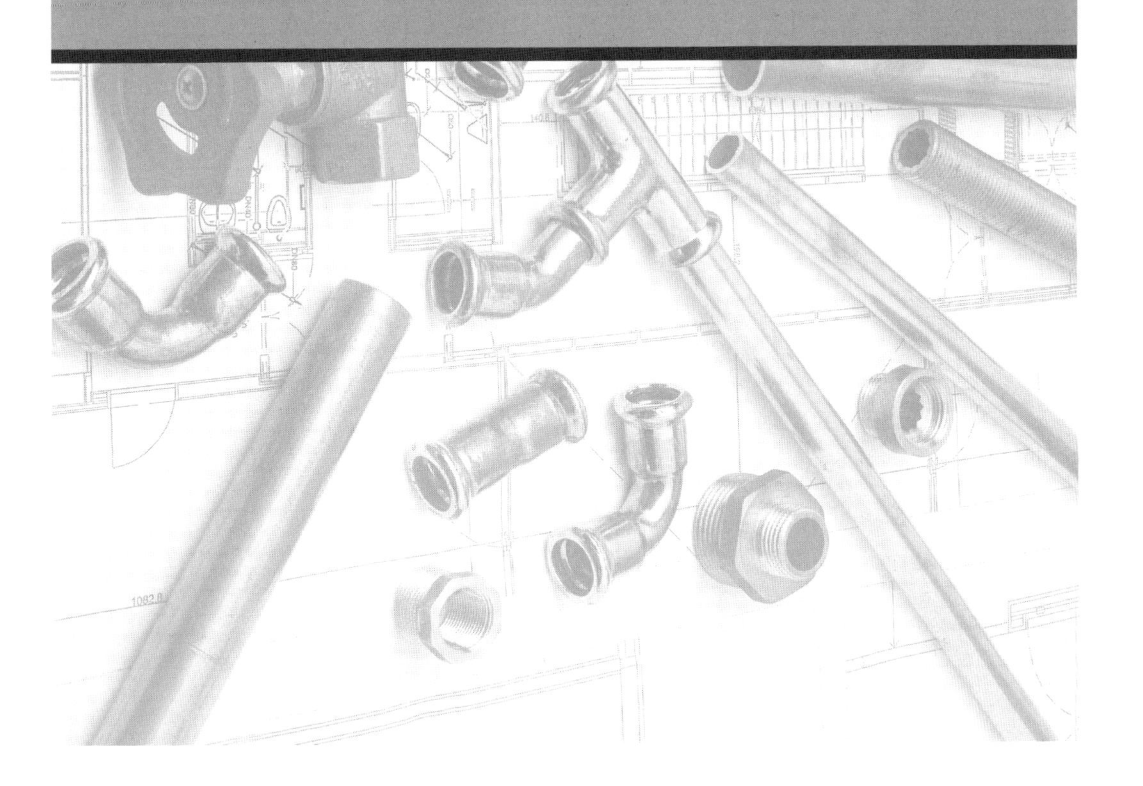

2.1 水路施工必备管材及管件

水路施工管材的种类

家装水路施工可分为给水和排水两个部分，它们对所用管件各有不同的要求，给水管中的水要食用，要求管件安全、卫生、节能、环保、耐腐蚀；排水管要求排水要通畅，阻力小、耐压、耐腐蚀。家用给水管最常用的材料有PP-R管和铜管，排水管主要为PVC管。

很多人在选择PP-R管还是铜管拿不定主意，如果仅为家用，PP-R管的性能足以满足家庭供水的要求；铜管比PP-R管更为结实、耐用，如果小区有热水管道，且温度很高，适合采用铜管，但如果当地水质不好，铜管很容易受腐蚀，造成饮水污染，在选择时可综合自身具体情况选择。

给水管材料对比

	PP-R管	铜管
耐温性	一般	佳
卫生性	佳	一般
结垢	无	有
耐腐蚀	差	佳
价格	适中	高
使用年限	50年	80年
安装	简单，热熔焊接	较难，需要焊接
节能性	佳	差
可靠性	一般	高

PP-R管的特点及规格

PP-R管又叫三型聚丙烯管或无规共聚聚丙烯管，与传统的镀锌管、铁管比较，具有节能节材、环保、轻质高强、耐腐蚀、内壁光滑不结垢、施工和维修简便、使用寿命长等优点。市面上的PP-R管颜色有白色、绿色、咖啡色、灰色等，不同颜色是因为添加的色料不同，并不是质量的差别。

PP-R管系列用S表示、公称外径（dn）×公称壁厚（en）来表示，例如：管系列S4、公称外径25mm、公称壁厚2.8mm，可表示为S4 dn25×2.8mm，管材按尺寸分为S5、S4、S3.2、S2.5、S2五个系列。

PP-R管S系列家装常用规范规格

公称外径/mm	公称壁厚/mm				
	S5	S4	S3.2	S2.5	S2
20	2.0	2.3	2.8	3.4	4.1
25	2.3	2.8	3.5	4.2	5.1
32	2.9	3.6	4.4	5.4	6.5

PP-R管的选购

选购PP-R管材时要慎重，建议选择有合格证的、大厂家生产的品牌，通常都有质量保证。

辨别管材质量可以通过以下方式来进行：

（1）触摸。好的PP-R水管材料为100%的PP-R原料制作，质地纯正，手感柔和，颗粒粗糙的很可能掺加了杂质。

（2）闻气味。好的管材没有气味，次品掺加了聚乙烯有怪味。

（3）捏硬度。PP-R管具有相当的硬度，用力捏会变形的为次品。

（4）量壁厚。根据各种管材的规格，用游标卡尺测量壁厚，质量好的产品符合规格标称数值。

（5）听声音。将管材从高处摔落，质量好的PP-R管声音较沉闷，次品声音较清脆。

（6）燃烧。燃烧PP-R管，次品因为有杂质会冒黑烟，有刺鼻气味，而合格品则无。

（7）看内径。看管材内径是否变形，质量好的内径不易变形。

PP-R管配件种类及用途

PP-R水管的管件是给水管路的重要组成部分，质量往往比管材更重要，水管的质量好并不代表管件的质量也符合要求，但管件好的品牌管材的质量也通常会有保证，足见管件的重要性。PP-R水管的常用配件包括弯头、三通、直通、过桥弯管、阀门、丝堵、活接、管卡等，主要作用是连接管路或截止水路运行。

PP-R水管管件的类型及作用		
图片	名称	作用
	异径弯头	弯头属于连接件，异径弯头两端的直径不同，可以连接不同规格的两根PP-R管
	活接内螺纹弯头	主要用于需拆卸的水表及热水器的连接，一端接PP-R管，另一端接外螺纹
	带座内螺纹弯头	可以通过底座固定在墙上，一端连接PP-R管，另一端接外螺纹
	等径90° 弯头	弯头两端直径相同，角度为90° ，用来连接相同规格的两根PP-R管
	等径45° 弯头	弯头两端直径相同，角度为45° ，用来连接相同规格的两根PP-R管

续表

图片	名称	作用
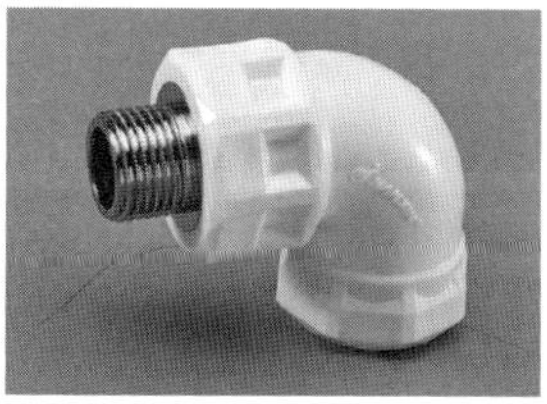	90° 承口外螺纹弯头	没有螺纹的一端接PP-R管，带有外螺纹的另一端接内螺纹
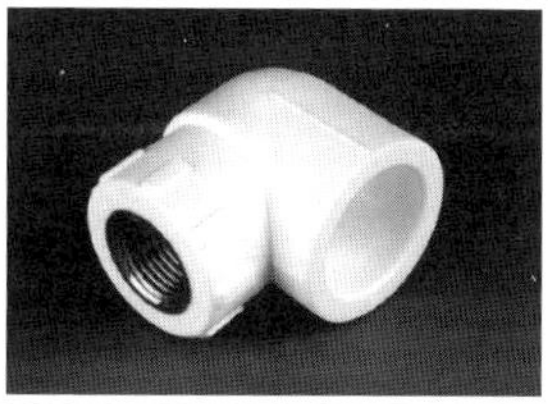	90° 承口内螺纹弯头	没有螺纹的一端接PP-R管，带有内螺纹的另一端接外螺纹
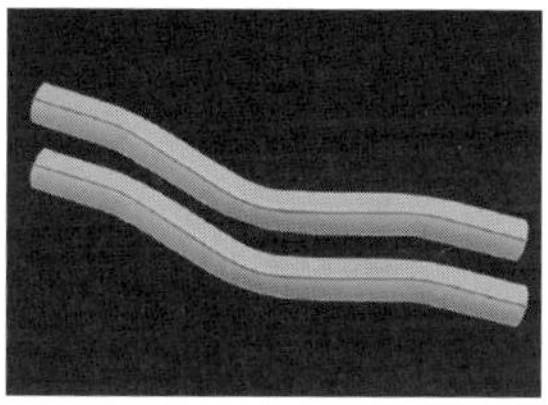	过桥弯管	当两路水路交叉时，需要进行桥接，下面的一路就需要用过桥弯管来连接，弯曲的部分放置上层管路，避免直接交叉
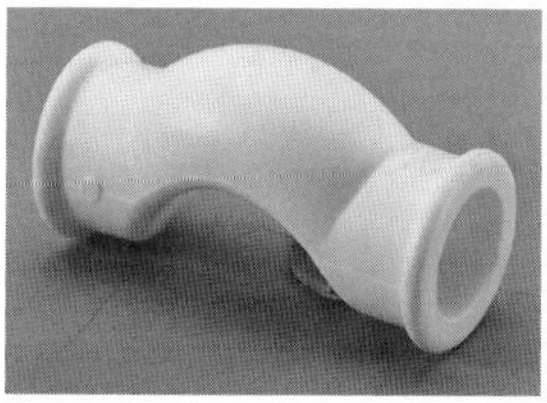	过桥弯头	作用与过桥弯管的作用相同，弯头的两端连接相同规格的PP-R管
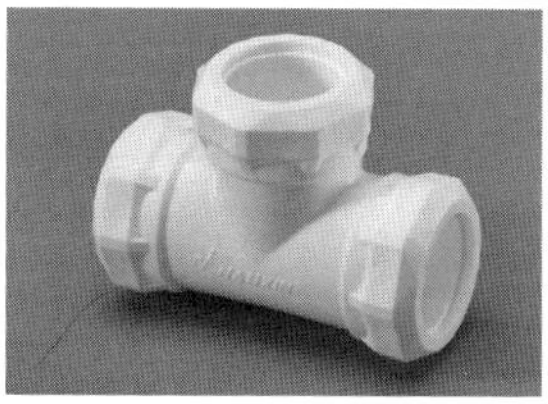	等径三通	三通为水管管道配件、连接件，又叫管件三通、三通管件或三通接头，用于三条相同管路汇集处，主要作用是改变水流的方向。等径三通的三端接相同规格的PP-R管
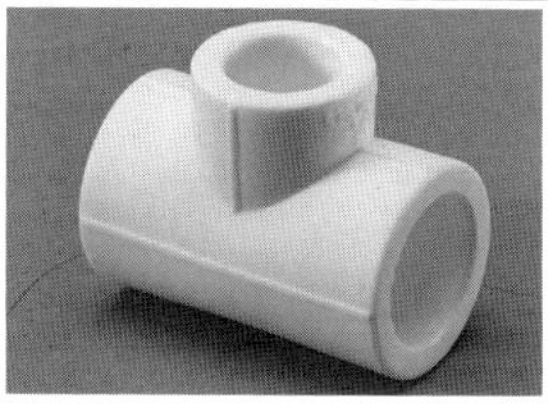	异径三通	作用与等径三通同，三端均接PP-R管，其中一端为异径口
	承口内螺纹三通	两端接PP-R管，中间的端口接外螺纹管件

续表

图片	名称	作用
	承口外螺纹三通	两端接PP-R管，中间的端口接内螺纹管件
	直通	主要起到连接作用，用来连接管路和阀门，塑料的一段与管体连接，金属的一段连接金属管件，分为内丝直通和外丝直通两种
	阀门	安装在管路中，用来截止水路，在家庭中主要作用为方便维修管路
	丝堵	丝堵是用于管道末端的配件，起到密封作用，在安装龙头等配件之前，防止水路泄露或遭到装修粉尘污染，有内螺纹和外螺纹两种
	管卡	用来固定管路的配件，在管路敷设完成后，将管路固定在墙上或地上，防止晃动
	活接	使用活接方便在阀门损坏时更换，如果不使用活接，一旦阀门出现问题只能锯掉管路重新连接

PVC管的特点及规格

家庭排水管道中，现多使用新型的PVC-U（硬聚氯乙烯）管道，和传统的管道相比具有重量轻、耐腐蚀、耐酸碱、耐压、水流阻力小、安装迅捷、造价低等优点。

家庭常用PVC排水管的公称外径为50mm、75mm或110mm，长度一般为4m或6m。

PVC 排水管

PVC 排水管的应用

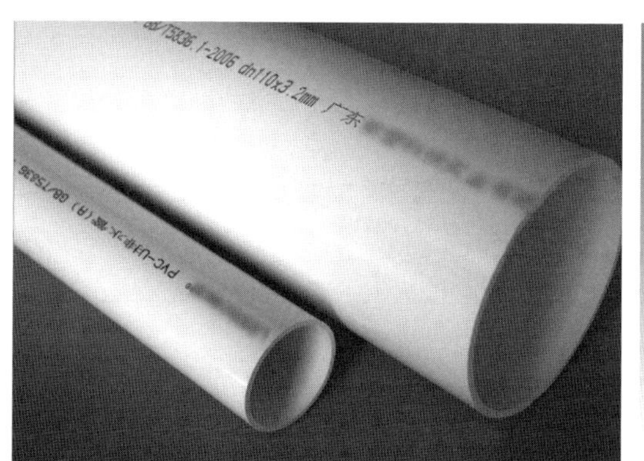

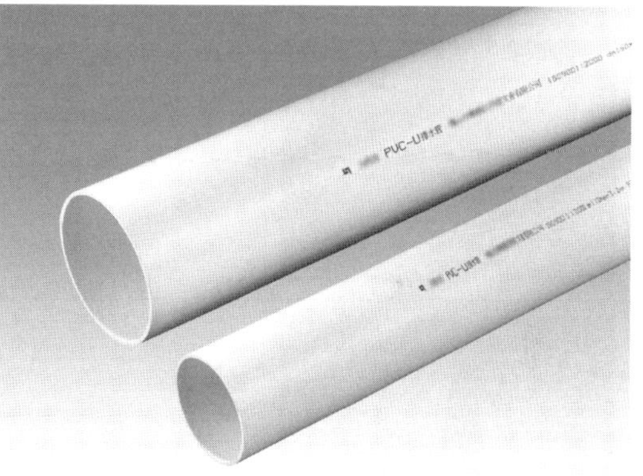

PVC 排水管管体上应有厂家名称、规格、合格标志等，执行国家标准要比企业标准更正规

PVC管的选购

（1）看外表。选购PVC管材，应观察颜色，白色的PVC水管颜色为乳白色而不是纯白，着色应均匀，内外壁均比较光滑；不合格的PVC水管颜色特别白，有的发黄，着色不均，较硬，外壁光滑但内壁粗糙，有针刺或小孔。

（2）检验韧性，将其锯成窄条后，弯折180°，如果一折就断说明韧性差，费力才能折断的管材说明强度、韧性佳。还可观察断茬，茬口越细腻，说明管材均化性、强度和韧性越好。

（3）决定购买前还应索取管材的检测报告，及其卫生指标的测试报告，以保证使用的健康。

PVC管配件种类及用途

PVC排水管的管件包括直接、直落水接头、四通、正三通、斜三通、90° 弯头、45° 弯头、异径弯头、存水弯、伸缩节、检查口、管口封闭、吊卡、立管卡、存水弯、弯头、伸缩节等。PVC排水管采用胶粘的方式连接，在管体与管件的连接处，承受的压力比管道更大一些，管件的质量也就显得更为重要。

PVC水管管件的类型及作用

图片	名称	作用
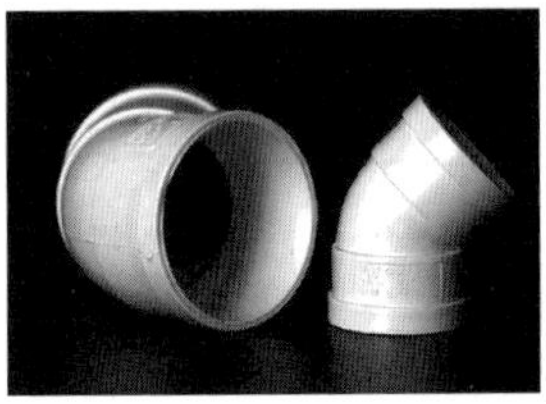	45° 弯头	用于连接管道转弯处，连接两根直径相等的管子，使管道成45°
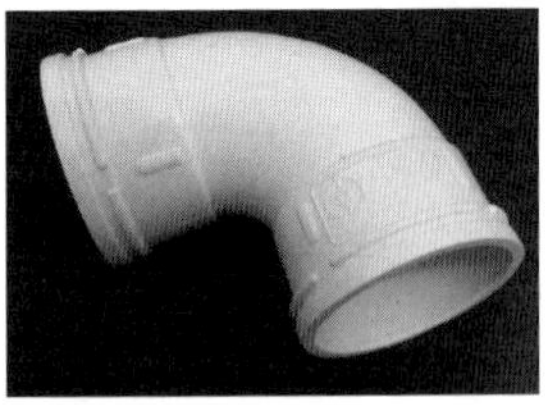	90° 弯头	用于连接管道转弯处，连接两根直径相等的管子，使管道成90°
	90° 异径弯头	用于连接管道转弯处，连接两根直径不同的管子，使管道成90°
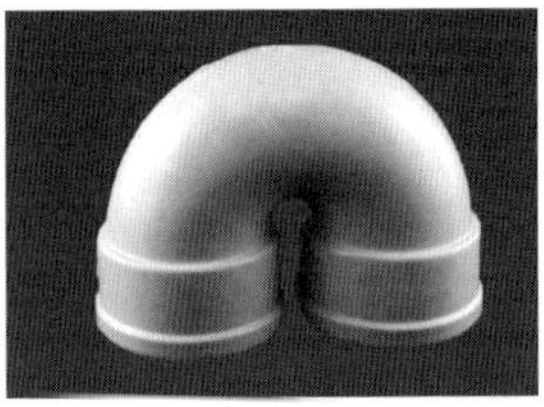	U形弯头	分为有口和无口两种，连接两根管道，使管路成U形连接，规格有50mm、75mm、110mm等
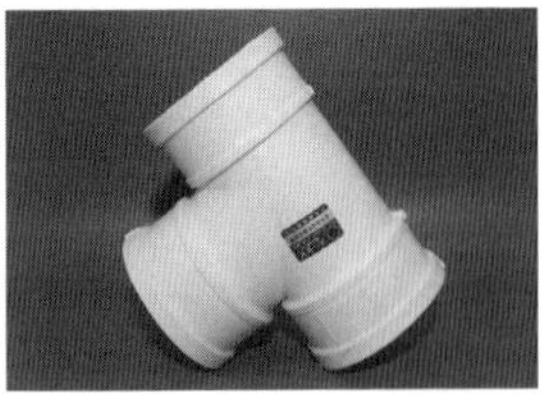	等径三通	作用与PP-R管三通相同，都是起到连接作用，用来连接三个等径的PVC管道，改变水流的方向

图片	名称	作用
	异径三通	用来连接两个等径及一个异径的三根PVC管道，改变水流的方向
	斜三通	斜三通中一个管口是倾斜的，倾斜角度为45°或75°
	瓶型三通	形状像一个瓶子，上口小，另外两个口成直角，用来连接一个小直径管路和两根等径管路
	四通	连接件，作用与三通类似，不同是四通同时能够连接四根管路
	立体四通	两个口成直线，另外另个口成直角，作用同四通
	检查口	通常安装在立管处和转弯处，在管道有堵塞时可以将盖子拧下，方便疏通管道。种类有45°弯头带检查口、90°弯头带检查口和立管检查口等
	盘式吊卡	将管路固定在顶面上的固定件，避免管道晃动

续表

图片	名称	作用
	立管卡	将管道固定在墙面上的固定件，使管道更稳固
	S形存水弯	其作用是在其内形成一定高度的水柱(一般为50~100 mm)，该部分存水高度称为水封高度，它能阻止排水管道内各种污染气体以及小虫进入室内。S形存水弯用在与排水横管垂直连接的场所
	P形存水弯	P形存水弯用于与排水横管或排水立管水平直角连接的场所
	管口封闭	作用同PP-R管的丝堵，起到封闭管口保护管道作用
	直落水接头	直落水接头主要作用为连接管路以及用于管路透气、溢流、消除伸缩余量
	伸缩节	用于卫生间横管与立管交叉处的三通下方，为了防止排水主管路与支路的接头部分因热胀冷缩而发生变形、开裂的情况

2.2 水路施工辅助材料

水路施工辅助材料

家装水路施工，除了主要的管材、管件外，还有辅助性的材料，虽然看着不起眼，但是作用确是不容忽视的，包括软管和生料带。

PVC水管管件的类型及作用

图片	名称	作用
	软管	软管在家装中主要用于水路中龙头、花洒等配件与主体部分的连接。软管有双头4分连接管、单头连接管、淋浴软管、不锈钢丝编织软管及不锈钢波浪纹硬管
	生料带	生料带用于管件连接处，增强管道连接处的密闭性。无毒无味，具有优良的密封性、耐腐性。好的生料带，只需在螺纹口按顺时针方向缠绕15 圈左右就可以达到很好的密封止水效果

PVC管的选购

（1）软管的选购。市场上的软管主要有不锈钢和铝镁合金丝两种。不锈钢管的性能优于铝镁合金丝材质管，不锈钢软管表面颜色黑亮，而合金丝苍白暗亮。编织软管还要特别注意编织效果，不跳丝、丝不断、不叠丝，编织的密度越高越好。

（2）生料带的选购。拉出生料带观察，好的生料带，质地均匀，颜色纯净，表面平整无纹理，无杂质。用手指指腹触摸生料带表面，感觉平整光滑，具有很强的丝滑感，且没有粘黏性。轻轻纵向拉伸，带面不易变形断裂（用力扯才会断裂）；横向拉伸边宽，可以形成本身长度3倍以上的拉伸宽度。

2.3 PVC电工套管及配件的作用

PVC电工套管

PVC电工套管的主要作用是保护电缆、电线。现在家庭电路改造多为暗埋敷设，电线不能直接埋在墙内，绝缘皮很容易碱化而引起电路的短路甚至起火，就需要将电线套上保护管再埋设，可以保护电线也方便维修。

电线套管后再埋设更安全，维修也更方便；强电和弱电套管最好使用不同颜色。

家装PVC电工套管的规格和作用

规格/mm	作用
φ16mm	用于室内照明
φ20mm	用于室内照明
φ25mm	用于插座或室内主线
φ32mm	用于进户线或弱电线

PVC电工套管的选购

（1）看外观。合格的产品管壁上会印有生产厂标记和阻燃标记，没有这两种标记的管不建议购买。

（2）管材外壁应光滑，无凸棱、无凹陷、无针孔、无气泡，内、外径尺寸应符合标准，管壁厚度均匀一致。

（3）用火烧管体，离火后30s内自动熄灭的证明阻燃性佳。

（4）弯曲后应光滑。在管内穿入弹簧，弯曲90°（弯曲的半径为管直径的3倍），外观光滑的为合格品。

（5）用重物敲击管体，变形后应无裂缝。

PVC电工套管的配件种类

PVC电工套管的主要配件包括暗装底盒、罗接、直通和管夹。

PVC电工套管的配件种类及作用

图片	名称	作用
	暗装底盒	也叫线盒，原料为PVC，安装时需预埋在墙体中。电线在盒中完成穿线后，上面可以安装开关、插座的面板。型号分为86型、118型和120型，分别匹配对应型号的开关和插座
	罗接	与底盒配套使用的配件，起到连接底盒与套管的作用，电线通过罗接接入底盒中
	直通	直通是连接件，作用是在套管的长度不足时，将两部分管路连接起来
	管夹	主要作用是固定墙面、地面上的PVC套管

2.4 塑铜线的种类及作用

家装最常用BV和BVR

塑铜线，就是塑料铜芯电线，全称铜芯聚氯乙烯绝缘电线。包括BV电线、BVR软电线、RV电线、RVS双绞线、RVB平行线。家庭电路工程最常用的是BV和BVR两种类型，其中BV线又分为ZR-BV和NH-BV两种。

电线型号中字母的代表意义：

B系列属于布电线，所以开头用B，电压为300V / 500V。

V就是PVC聚氯乙烯，也就是塑料，指外面的绝缘层。

R表示软，导体的根数越多，电线越软，所以R开头的型号都是多股线，S代表对绞。

塑铜线的常见型号及作用

图片	型号	名称	作用
	BV	铜芯聚氯乙烯塑料单股硬线，是由1根或7根铜丝组成的单芯线	固定线路敷设
	BVR	铜芯聚氯乙烯塑料软线，是19根以上铜丝绞在一起的单芯线，比BV软	固定线路敷设
	BVVB	铜芯聚氯乙烯硬护套线，是由两根或三根BV线用护套套在一起组成的	固定线路敷设

续表

图片	型号	名称	作用
	RV	铜芯聚氯乙烯塑料软线，是由30根以上的铜丝绞在一起的单芯线，比BVR更软	灯头和移动设备的引线
	RVV	铜芯聚氯乙烯软护套线，是由两根或三根RV线用护套套在一起组成的	灯头和移动设备的引线
	RVS	铜芯聚氯乙烯绝缘绞型连接用软电线，是由两根铜芯软线成对扭绞组成的无护套线	灯头和移动设备的引线
	RVB	铜芯聚氯乙烯平行软线，无护套平行软线、俗称红黑线	灯头和移动设备的引线

塑铜线的选购

市场上的塑铜线有很多品种，要根据需要的用电负荷采购合适的电线。建议选购价位合理而不是特别便宜的品牌，线的质量可以用下面几个方法来简单地鉴别：

（1）看包装。盘型整齐、包装良好、合格证上商标、厂名、厂址、电话、规格、截面、检验员等齐全并印字清晰。

（2）比较线芯。打开包装简单看一下里面的线芯，比较相同标称的不同品牌电线的线芯，如果两种线一种皮太厚，则一般不可靠。然后用力扯一下线皮，不容易扯破的一般是国标线。

（3）用火烧。绝缘材料点燃后，移开火源，5s内熄灭的，有一定阻燃功能，一般为国标线。

（4）看内芯。内芯（铜质）的材质，越光亮越软铜质越好。国标要求内芯一定要用纯铜。

（5）看线上印字。国家规定线上一定要印有相关标识，如产品型号、单位名称等，标识最大间隔不超过50cm，印字清晰、间隔匀称的应该为大厂家生产的国标线。

根据功率选择电线型号

家装常用塑铜线根据线芯的截面面积可分为不同的型号，包括1.5mm^2、2.5mm^2、4mm^2、6mm^2、10mm^{2}等。在家庭装修中，根据国家标准规定，照明、开关和插座的电线都应使用2.5mm^{2}规格的塑铜线，但在实际应用中，通常照明线都是使用1.5mm^{2}的，需要注意的是，必须保证电线的品质，如果不能保证品质，就需要用2.5mm^{2}的。

家用BV、BVR线的常见规格及用途

规格 / mm^2	作用
1.5	照明线
2.5	空调及插座连线
4	大功率电器连线，如柜机空调、热水器
6	中央空调连线或进户线
10	进户总线

家用BV、BVR线的功率表

规格 / mm^2	额定电流 / A	最大功率 / W
1.5	19	4200
2.5	26	5800
4	34	7600
6	34	10000
10	34	13800

2.5 弱电线的种类及作用

弱电线的种类

弱电线指信号线，家装常用弱电电线包括网线、电视线和电话线。

1. 网线

网线用于局域网内以及局域网与互联网的数字信号传输，也就是双绞线。双绞线采用了一对互相绝缘的金属导线互相绞合的方式来抵御一部分外界电磁波干扰，把两根绝缘的铜导线按一定密度互相绞在一起，可以降低信号干扰的程度。

双绞线可分为非屏蔽双绞线（UTP）和屏蔽双绞线（STP），家中最常用的是UTP。双绞线按带宽可分为五类双绞线、超五类双绞线和六类双绞线。

网线的常见型号及特点		
图片	名称	特点
	五类双绞线	表示为cat5，带宽100Mbps，适用于百兆以下的网络
	超五类双绞线	表示为cat5e，带宽155Mbps，为目前的主流产品，应用最多
	六类双绞线	表示为cat6，带宽250Mbps，用于架设千兆网

网线的选购

（1）看外观。正品5类线的塑料皮上印刷的字符非常清晰、圆滑，基本上没有锯齿状。假货的字迹印刷质量较差，有的字体不清晰，有的呈严重锯齿状。正品5类线所标注的是“cat5”，超5类所标注的是“cat5e”，而假货通常所标注的字母全为大写“如CAT5”。

（2）试质地。正品线质地比较软，而一些不法厂商在生产时为了降低成本，在铜中添加了其他的金属元素，做出来的导线比较硬，不易弯曲。

（3）看颜色。用剪刀去掉一小截线外面的塑料包皮，4对芯线中白色的那条不应是纯白的，而是带有与之成对的那条芯线颜色的花白，假货则为纯白。

（4）测试阻燃性。用火烧，可以将双绞线放在高温环境中测试一下，在35~40℃时，网线外面的胶皮会不会变软，正品阻燃性佳，不会变软。

2. 电视线

正规名称为75Ω同轴电缆，主要用于传输视频信号，能够保证高质量的图像接收。一般型号表示为SYWV，国标代号是射频电缆，特性阻抗为75Ω。

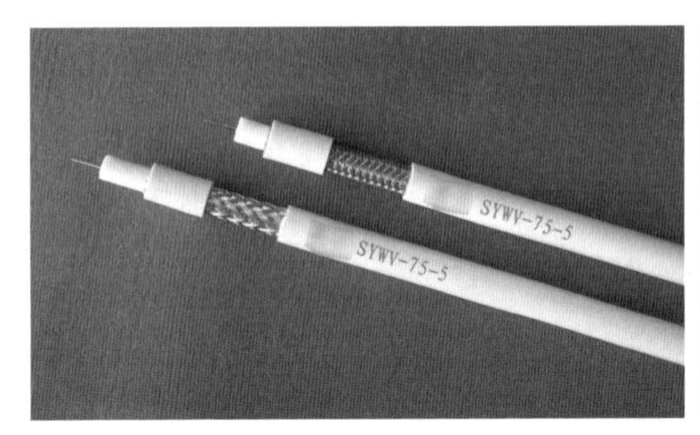

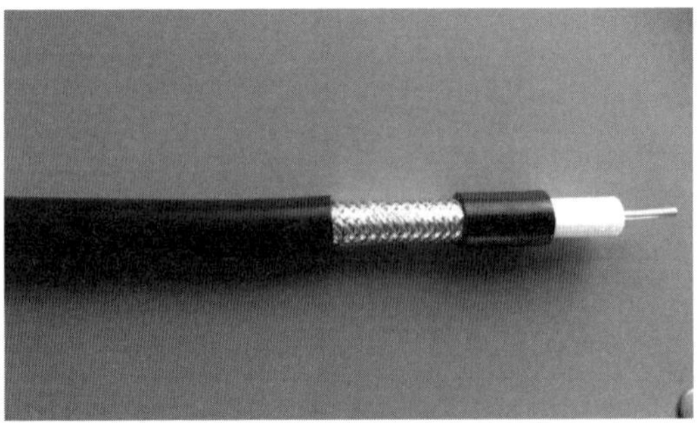

电视线由四层结构组成，从中间位置开始，依次是铜芯、聚乙烯发泡绝缘层、屏蔽层和 PVC 护套。

家用电视线的型号与规格

型号	电缆外径/mm	绝缘电阻 (MΩ · Km)	特性阻抗 /Ω
SYWV-75-5	5.8(max)	5000	75±3
SYWV-75-7	8.3(max)	5000	75±2.5

电视线的选购

选购电视线首先要求是正规厂家生产的产品。

其次看线体，线体由铜丝、屏蔽线、绝缘层和护套组成。铜丝的标准直径为1mm，同时铜的纯度越高铜色越亮，质量越好；屏蔽网要紧密，覆盖完全；绝缘层坚硬光滑，手捏不会发扁；好的护套线使用优质的聚氯乙烯制成，用手撕不动。

3. 电话线

电话线就是电话的进户线，连接到电话机上，才能拨打电话，由铜线芯和护套组成。电话线的国际线径为0.5mm，其信号传输速率取决于铜芯的纯度及横截面积。

电话线常见芯数有二芯和四芯，普通电话使用二芯即可，传真机和拨号上网需使用四芯。

辨别芯材可以将线弯折几次，容易折断的铜的纯度不高，反之则铜含量高。质量好的电话线外面的护套是用纯度高的聚氯乙烯制成的，用手撕不动，能够良好地保护线芯，而劣质的护套则容易撕下来。

电话线的常见类型及特点

图片	名称	特点
	铜包钢线芯	线比较硬，不适合用于外部，容易断芯。但是埋在墙里可以使用，只能近距离使用，如楼道接线箱到用户
	铜包铝线芯	线比较软，容易断芯。可以埋在墙里，也可以用在墙外。只能用于近距离使用，如楼道接线箱到用户
	全铜线芯	线软，可以埋在墙里，也可以用在墙外。可以用于远距离传输使用

2.6 开关的种类及作用

家装常用开关

随着科技的不断发展，开关的类型也随之增多，从最普遍的翘板开关发展出了很多高科技的开关。家装常用的开关包括翘板开关、调光开关、调速开关、延时开关、定时开关、红外线感应开关、触摸开关和转换开关等。

家装开关的常见类型及作用

图片	名称	作用
	单控翘板开关	最常见的一种开关类型，通过上下按动来控制灯具，一个开关控制一个或多个灯具，分为一开单控、双开单控、三开单控、四开单控等多种
	双控翘板开关	双控翘板开关可与另一个双控开关一起控制一盏或多盏灯具。分为双开双控、四开双控等
	调光开关	调光开关可以通过旋转的按钮，控制灯具的明亮程度及开、关灯具
	调速开关	通常是与吊扇配合使用的，可以通过旋钮来控制风扇的转速及开、关风扇

图片	名称	作用
	延时开关	通过触摸或拨动开关，能够延长电器设备的关闭时间，适合用来控制卫浴间的排风扇，当人离开时，让风扇继续排除潮气一段时间，完成工作后会自动关闭
	定时开关	设定关闭时间后，由开关所控制的设备会在到达该时间时自动关闭
	红外线感应开关	内置红外线感应器，当人进入开关控制范围时，会自动连通负载开启灯具或设备，离开后会自动关闭，很适合装在阳台
	触摸开关	触摸开关是应用触摸感应芯片原理设计的一种墙壁开关，可以通过人体触摸来实现灯具或设备的开、关
	转换开关	适用于一个空间中安装多盏灯具的情况，例如按压一下打开主灯，继续按压打开局部照明，三下打开全部灯具，四下关闭

开关的选购

（1）看外观。高品质的开关材质是高级塑料，颜色温润、均匀，有光泽感。表面平滑，没有任何损伤或毛刺。

（2）选面板材料。开关的面板材料有ABS材料、PC材料和电玉粉三种，品质依次增高。

（3）阻燃性。开关属于电料产品，直接与电线接触，阻燃性能就显得很重要，可以通过火烧来测试，达到标准的开关离火后会自动熄灭。

（4）看背板。正规的产品背板应为大板，使用小的功能件替代的属于偷工减料。

2.7 插座的种类及作用

家装常用插座

家装常用插座分为强电插座和弱电插座两大类，强电插座有三孔插座、四孔插座、五孔插座、多功能五孔插座、带开关插座、地面插座，弱电插座有电视插座、网络插座、电话插座、双信息插座、音响插座等。不同的功能区适合使用不同类型的插座，应结合需求选择合适的类型。

家装插座的常见类型及作用		
图片	名称	作用
	三孔插座	面板上有三个孔，额定电流分为10A和16A两种，10A用于普通电器和挂机空调；16A用于2.5P以下的柜机空调。还有带防溅水盖的三孔插座，用在厨房和卫生间中
	四孔插座	面板上有四个孔，分为普通四孔插座和25A三相四级插座，后者用于功率大于3P的空调
	五孔插座	面板上有五个孔，可以同时插一个三头和一个双头插头
	多功能五孔插座	分为两种，一种是单独五个孔，可以插国外的三头插头；另外一种是带有USB接口的面板，除了可以插国外电器外，还能同时进行USB接口的充电，如手机、平板电脑等

续表

图片	名称	作用
	带开关插座	插座的电源可以由开关控制，所控制的电器不需要插、拔插头，只需要打开或关闭开关即可供电和断电
	地面插座	安装在地面上的插座，既有强电插座又有弱电插座。能够将开关面板隐藏起来与地面高度平齐，通过按压的方式即可弹开使用
	电视插座	有线电视系统的输出口，可以将电视与有线电视信号连接。有三种类型，串接式插座适合普通有线电视；宽频电视插座既可接有线也可接数字信号；双路电视插座可以同时接两个电视信号线
	网络插座	将计算机等用网设备与网络信号连接起来的插座
	电话插座	将电话与电话信号线连接起来的插座，分为单口和双口两种，双口可以同时连接两台电话机
	双信息插座	可以同时插两个信息信号线，可以是两个网线插口，也可以是电话计算机双信息插座或者电视计算机双信息插座
	音响插座	用来接通音响设备的插座。包括一位音响插座，用来接音响；二位音响插座，用来接功放

家用开关、插座型号对比

	86型开关	118型开关	120型开关
尺寸	方形，尺寸为86mm×86mm	长方形，宽度为74mm，长度有118mm、154mm、195mm三种	长方形，86mm×146mm或类似尺寸
优点	通用性好，安装牢固，弱电干扰小	外形美观，组合灵活，可以随意组合多种开关	可自由组合，与118型开关类似
缺点	缺乏灵活性	弱电干扰比86型差，安装不够牢固	弱电干扰稍差，安装不够牢固

开关、插座常用材质对比

面板材质	ABS：低档工程塑料，低强度、易变色，多为低档开关，价格低	PC：耐冲击性、耐热性强，透明性高，最常见的开关面材，价格适中	电玉粉：绝缘性高，永不变色、不磨损，热化学性强，价格高
底座材质	普通合成塑料：易老化、易燃、易变性	再生PC塑料：耐冲击性、耐热性弱，易变性	进口加强尼龙：绝缘性好、刚性强，抗冲击、抗腐蚀，高温不变形
开关载流件材质	黄铜：质地坚硬，弹性略低，导电率中等，颜色为亮黄色	锡磷青铜：质地坚硬，弹性佳，导电率高于黄铜，颜色为红黄色	红铜：质地略软，弹性佳，导电率高，颜色为紫红色
开关触点材质	纯银：电阻低，质地柔软，熔点低、易氧化，易产生电弧	银合金：电阻低，质地耐磨，熔点高、抗氧化，综合性能优于纯银	
开关拔嘴材质	普通增强尼龙：使用时间长有涩滞现象，摩擦力增大容易使银点融掉，而使载流量下降	自润型：材质坚硬、耐摩擦，自带润滑作用，能够有效减小摩擦力	

2.8 断路器的种类及作用

断路器保障家庭用电安全

断路器是安装在强电配电箱中控制支路供电或断电的配件，它对家居用电的安全性起到保障型的作用，必须使用质量达标的产品。家用的断路器一种是空气断路器，即常说的空开开关，简称空开；另外一种是漏电保护器，当电器发生漏电时，可以自动跳闸，避免发生事故。

电路施工辅助材料的类型及作用		
图片	名称	作用
	空气断路器（空开）	是一种只要电路中电流超过额定电流就会自动断开的开关。空气开关集控制和多种保护功能于一身。家庭使用DZ系列，常用型号有C16、C25、C32、C40等
	漏电保护器	与空开的区别是，漏电保护器带有一个每月按一次标志的按钮，用水多的厨房和卫生间两条支路适合安装漏电保护器，当电器漏电时，能够自动切断电源

断路器的选购

（1）额定电流要配套。空开的额定电流如果过低，就容易频繁的发生跳闸，若选择过高的配置，则起不到保护作用，需要根据实际用电情况选择合适的型号。

（2）称重量。高质量的空开重量应在85g以上，如果达不到这个重量，多为次品。

（3）看标志。注意观察断路器的表面是否有IEC标准、GB10963等标志。

（4）拆开看圈数。可以购买一个拆开看内部的线圈数量，如果线圈数量少，就不能保证在安全时间内脱扣。

2.9 电路施工辅助材料

小物件大作用

电路辅助材料的个头都比较小，但是却是施工过程中不可缺少的。包括绝缘胶布，用于包裹电线接头回复绝缘层；焊锡膏，用来焊接；自攻钉和膨胀螺栓，是固定件，将管线等固定在墙面或者其他界面上。

电路施工辅助材料的类型及作用

图片	名称	作用
	绝缘胶布	绝缘胶布指电工使用的用于防止漏电，起绝缘作用的胶带，又称绝缘胶带。主要用于380V电压以下使用的导线的包扎、接头、绝缘密封等电工作业
	焊锡膏	焊锡膏也叫锡膏，灰色膏体。是一种新型焊接材料，由焊锡粉、助焊剂以及其他的表面活性剂、触变剂等混合组成。保管锡膏的适宜温度是1～10℃，未开封的锡膏使用期限为6个月
	自攻钉	自攻钉也叫自攻螺钉，施工时不用打低孔和攻丝，头部是尖的，可以“自攻”。由于自带螺纹，螺丝拧入时被连接件会形成螺纹孔，具有高防松能力，结合紧密，且可以拆卸
	膨胀螺栓	是将管路支/吊/托架或设备固定在墙上、楼板上、柱上所用的一种特殊螺纹连接件。膨胀螺栓由沉头螺栓、胀管、平垫圈、弹簧垫和六角螺母组成

第 3 章

家装水电改造施工知识

3.1 水电施工前的准备工作

水电工程关系到家居生活的安全性

比起表面的装饰来说，隐藏起来的工程质量更为重要。家装水电施工图非常的烦琐，天花板上，地板下，到处都是错综复杂的电路、水管。水电工程对家居生活的安全与否能够起到决定性的作用。

水、电施工前的准备工作	
项目序号	作用
1	对原有水路进行打压测试，验收合格，装修所需各项手续办理完毕
2	室内墙体拆除或重建规划完成
3	家具以及电器的基本规格、位置基本确定
4	顶面使用的灯具种类已确定
5	灯具的平面布置图及造型、灯具的位置已确定
6	其他个性化需求确定完毕
7	确定厨房的各种插座及灯具的位置
8	确定住宅的供热水方式，是燃气供热水、电热水器还是其他供热水方式
9	确定热水器的规格、尺寸以及浴缸的种类（普通浴缸还是按摩浴缸）
10	提前预约水电工程师上门规划准确定位点，并做出工程量预算

3.2 水电施工常用工具及术语

水、电施工常用工具的种类及作用

家装水、电改造工程不可能是徒手完成的，而是要依靠一些工具的辅助才能够完成。这些工具有的用来测量距离，有的用来加工管材或配件，包括家庭常备的一些工具，也有一些专业性的工具。只有了解它们的具体作用才能够更好地发挥其具体作用。

水、电施工常用工具的种类及作用		
图片	名称	作用
	盒尺	是用来测量长度的工具，也叫钢卷尺。按尺带盒结构的不同，可分为自卷式卷尺、制动式卷尺、摇卷盒式卷尺和摇卷架式卷尺四种
	水平尺	主要用来检测或测量水平和垂直度，既能用于短距离测量，又能用于远距离的测量。它解决了水平仪狭窄地方测量难的缺点，且测量精确，携带方便。分为普通款和数显款
	红外线水平仪	通过红外线的水平、垂直度来检测或测量物体的水平和垂直度，也可测知倾斜方向与角度大小，使用时底座必须平整
	测电笔	简称“电笔”，是一种电工工具，用来测试电线中是否带电。可分为数显测电笔和氖气测电笔两种

续表

图片	名称	作用
	螺丝刀	螺丝刀是用来拧转螺丝钉迫使其就位的工具，通常有一个薄楔形头，可插入螺丝钉头的槽缝或凹口内。最常见的是直形，及六角螺丝刀（包括内六角和外六角）等；还有L形螺丝刀
	钳子	钳子主要作用是夹持、固定加工工件或者扭转、弯曲、剪断金属丝线。钳子的外形呈V形，通常包括手柄、钳腮和钳嘴三个部分。钳的手柄依握持方式而设计成直柄、弯柄和弓柄三种式样
	扳手	扳手的作用是安装与拆卸。它是利用杠杆原理拧转螺栓、螺钉、螺母和其他螺纹紧持螺栓或螺母的开口或套孔固件的手工工具
	锤子	锤子是敲打物体使其移动或变形的一种工具，最常用来敲钉子，矫正或是将物件敲开。锤子有着各式各样的样式，常见的组成样式是一柄把手连接一个各种造型的锤头
	冲击钻	冲击钻是一种打孔的工具. 工作时钻头在电动机带动下不断地冲击墙壁打出圆孔，是依靠旋转和冲击来工作的
	万用表	又称为复用表、多用表、三用表、繁用表等，是电工程不可缺少的测量仪表，通常用来测量电压、电流和电阻。在家庭中主要是检测开关、线路以及检验绝缘性能是否正常
	电烙铁	主要用途是焊接导线。通常按机械结构来选择电烙铁，可分为内热式和外热式两种，同时根据用途不同又分为大功率电烙铁和小功率电烙铁，除此之外还可根据调温方式分为可调温和不可调温等种类

续表

图片	名称	作用
	墙壁开槽机	墙壁开槽机，又称水电开槽机、墙面开槽机，主要用于墙面的开槽作业，一次操作就能开出施工需要的线槽，机身可在墙面上滚动，且可通过调节滚轮的高度控制开槽的深度与宽度
	热熔器	用热熔的方式连接PP-R管的管体和管件，使水路形成一个整体，插头需要使用带接地线的插座
	打压泵	水路施工完成后，选择刻度较小的打压泵对水路进行打压测试，来检查管道是否有渗漏的地方。体积小，精准度高，使用方便，非常适合家庭使用

水电施工的常用术语

在水电施工中，经常能够听到一些术语，如槽线、内丝、外丝、强电、弱电等，了解它们的含义，能够更轻松地了解水电施工知识。

水、电施工前的准备工作	
名词	解释
开槽线	也叫打暗线，用切割机或其他工具在墙里打出××mm厚的槽，将电线管、水管埋在里面
内丝、外丝	水管配件的螺纹丝口有内丝和外丝两种，内丝就是指螺纹丝在配件里面，而外丝就是螺纹丝在配件外面
暗管、暗线	指埋设在墙内的管路和电线
强电、弱电	强电是动力电，如开关插座的接线；弱电指信号线，如电视线

3.3 水路改造施工的步骤

定位画线

家装水路改造的施工步骤为：定位→画线→开槽→管线安装→打压测试→封槽→二次防水，其中定位画线是最为关键的步骤，会对后期的工程质量产生重要影响。

水路改造施工具体步骤及内容	
施工步骤	内容
定位	水路施工定位就是明确一切用水设备的尺寸、安装高度及摆放位置，避免影响施工进程及水路施工要达到的使用目的
画线	画线（弹线）是为了确定线路的敷设、转弯方向等，对照水路布置图在墙面、地面上画出准确的位置和尺寸的控制线
开槽	开槽是用墙壁开槽机，沿着画线的走向，在墙面和地面上打出槽线，以方便埋设水管管路
管线安装	开槽完成后，给水管线按照冷热管线的分布情况开始布管，排水管线按照排水走向开始布管
打压测试	管路安装完成24小时后，需要用打压泵对管路进行打压测试，打压没有渗漏证明管路安装合格
封槽	管路测试完成后，需要对槽线进行封闭处理，用水泥砂浆将槽路填满，目的是将管线与后期铺砖的干砂隔离开，避免管线的作用引起瓷砖的热胀冷缩而开裂
二次防水	所有步骤完成后，对于用水的空间，如卫浴间和厨房，需要进行二次防水处理，避免用水时渗漏到楼下

3.4 水路改造施工要求与规范

给水管路施工要求与规范

为保证家装给水管路施工质量，首先要有符合各种性能要求的水管。管材产品质量直接影响到管网安全供水和饮用水的质量，它是保证施工质量的前提条件。材料合格后，还需要严格地按照施工要求与规范操作，才能够避免后期使用时出现各种问题。

给水管施工要求与规范

项目序号	内容
1	使用的水管必须符合饮用水管的选择标准
2	饮用水不得与非饮用水管道连接，保证饮用水不被污染
3	安装时，避免冷热水管的交叉敷设。如遇到必要交叉须用绕曲管连接
4	热熔时间不宜过长，以免管材内壁变形。连接时要看清楚弯头内连接处的间距，如果过于深入会导致管内壁厚变小影响水的流量
5	各类阀门安装位置应正确且平整
6	安装完毕后，应用管卡固定住。管卡的位置及管道坡度应符合规范要求
7	安装后一定要进行增压测试。增压测试一般是在1.5倍水压的情况下进行，在测试中应没有漏水现象
8	安装好的水管走向和具体位置都要画在图纸上，注明间距和尺寸，方便后期检修

排水管路施工要求与规范

因为管路材质与功能不同，排水管的施工要求与给水管也不同，因为要承担的瞬间压力很大，要求管路的连接要绝对牢固，由于采用粘接的方式连接，对连接处的处理也有特别的要求。

排水管施工要求与规范	
项目序号	内容
1	排水管一般应在地板下埋设或在地面上楼板下明设。若住房或工艺有需求，可在管槽、管道井、管沟或吊顶内暗设
2	若管道很长（连接厨房和卫生间，或通向阳台等），中间不要有接头，并且要适当放大管径，避免堵塞
3	安排排水管的位置时，应注意上方施工完成后不能有重物。排水管立管应设在污水和杂质最多的排水点处
4	卫生器具排水管与横向排水管支管连接时，可采用90°斜三通。排水管应避免轴线偏置，若条件不允许，可以采用乙字管或两个45°弯头连接
5	排水立管与排出管端部的连接，宜采用两个45°弯头或弯曲直径不小于管径4倍的90°弯头
6	生活污水不宜穿过卧室、厨房等对卫生要求高的房间，同时不宜靠近与卧室相邻的内墙
7	如果卫生器具的构造内已有存水弯，不应在排水口以下设存水弯
8	若选择立柱盆，则立柱盆的下水管安装在立柱内。下水口应设在立柱底部中心，或立柱背后，尽可能用立柱遮挡住
9	洁具下水安装的最小坡度值应符合"卫生洁具排水最小坡度规定值"
10	管道安装好以后，通水检查，用目测和手感的方法检查有无渗漏。查看所有水龙头、阀门是否安装平整，开启是否灵活，出水是否畅通，有无渗漏现象。查看水表是否运转正常。确认没有任何问题后才可以将管道封闭

3.5 水路定位、画线与开槽须知

水路定位、画线的作用与要求

在进行水路定位前，需要对家中所有的用水设备的型号、出水口高度、位置做到心中有数，建议先购买或选择电器及洁具，有一些款式的家具尺寸非常特殊，如果先安装管道再买回来会安装不上，或者勉强安装到位却不美观，也影响使用。

确定了所有尺寸后，用彩色粉笔或者黑色墨水笔在墙面上标示出所有的出水口、排水口的位置，之后用墨斗线将这些水口根据管路的走向连接起来，使整体管路的布置显示在墙面、地面或顶面上，就是定位与画线。这两步的操作规范与否会直接影响后续步骤的质量好坏。

水路定位的要求

项目序号	内容
1	施工应严格遵守设计图纸的走向进行定位和施工。定位要求精准、全面、一次到位
2	对照水路布置图以及相关橱柜水路图，了解厨、卫以及有用水设备的阳台的功能与布局
3	需清楚预计使用的洁具（包括洗菜盆、面盆、坐便器、小便器、浴缸、污水盆等）的类型以及给、排水方式，例如面盆是柱盆还是台盆，浴缸是普通浴缸还是按摩浴缸等
4	清楚热水器的数量，热水器的型号、每台热水器要求的给、排水口位置、方式及尺寸
5	明确冷、热管道的位置与数量，有无使用的特殊需求
6	地漏的位置及数量
7	明确以上数据后，用彩色粉笔做标注（不要用红色），字迹须清晰、醒目，应避开需要开槽的地方，冷、热水槽应分开标明

家庭常用洁具出水口常见高度			
洁具名称	高度/mm	洁具名称	高度/mm
面盆冷、热水	500～550	标准浴缸	700～750
花洒	100～110	按摩浴缸	150～300
拖把池	650～750	墙面出水面盆	950
燃气热水器	1200～1500	小洗衣机	850
电热水器	1700～1900	标准洗衣机	1050～1100
蹲便器	1000～1100	厨房洗菜盆	400～500
坐便器	250～350		

画线的操作方法

画线的工具包括圈尺、墨斗、黑色铅笔、彩色粉笔、红外光水平仪，可用尺画线，也可弹线。主要标出冷、热水管的分布以及各空间中出水、排水口的位置。画线（弹线）的宽度要大于管路中配件的宽度。

定位面盆的出水口位置

弹水平线

开槽的要求

开槽应使用墙壁开槽机沿着画线的痕迹开槽，严禁用电锤直接开槽。槽线要求横平竖直，底部不能有突出的棱角和杂物，应平整。槽线的质量会影响管线的埋设，应按照要求操作。

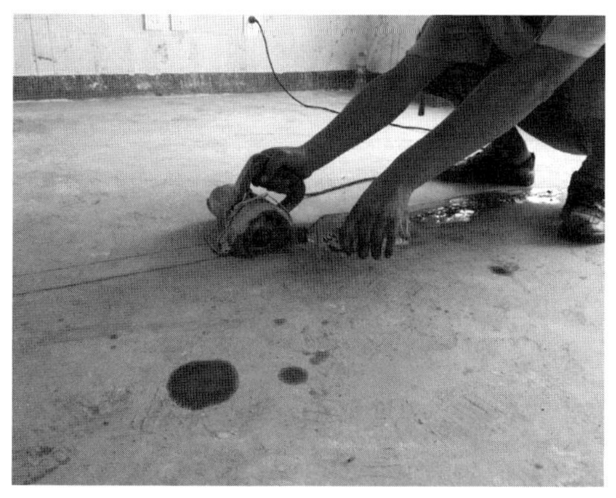

用开槽机开槽

槽线要求横平竖直

开槽的要求	
项目序号	内容
1	管道暗敷时槽深度与宽度应不小于管材直径加20mm，若为两根管道，管槽的宽度要相应增加，一般为单槽4cm，双槽10cm，深度为3～4cm
2	水管开槽原则是“走顶不走地、走竖不走横”，开槽尽量走顶、走竖
3	若钢筋较多，注意不要切断房屋结构的钢筋，可以开浅槽，在贴砖时加厚水泥层
4	水路走线开槽应该保证暗埋的水管在墙和地面内，不应外露
5	房屋顶面预制板开槽深度严禁超过15mm
6	不准在室内保温墙面横向开槽，严禁在预埋地热管线区域内开槽
7	对槽内裸露的钢筋进行防锈处理，试压合格后用水泥砂浆填平

3.6 水管管路的敷设与连接

给水管的敷设

给水管线分为冷水管和热水管，需要注意的是，两种管线的水平距离不能少于150mm，不能位于同一条槽线中，如果距离太近，容易导致热水加热的速度变慢，温度下降的速度变快。

给水管的敷设要求	
项目序号	内容
1	给水管线尽可能与墙、梁、柱平行，呈直线走向，力求管路简短
2	暗装水管排列可以分为吊顶排列、墙槽排列、地面排列三种方式，根据具体的需求来选择安装方式
3	若需要穿墙洞，单根水管的墙洞直径一般要求不小于50mm（根据使用的管道直径具体决定），若为两根水管穿墙时，应分别打孔穿管，洞孔中心间距以150mm为宜
4	地面管路发生交叉时，次管路必须安装过桥，且位置应在主管道下面，使整体管道分布保持在水平线上
5	冷热水管出口一般为左热右冷，冷热水出口中间距一般为150mm，冷热水出口用水平尺测量必须水平
6	水管安装完毕后，需要对水管进行简易固定，让外接头与墙面保持水平一致，冷热水管的高度需一致，之后按照尺寸要求补槽
7	安装在吊顶上的给水管道，应用保温材料做好绝热防结露处理
8	最后封槽

给水管的连接加工

现在家庭使用的给水管多为PP-R管，它的连接方式有橡胶圈连接、黏结连接、法兰连接、热熔连接等。热熔连接是最常采用的连接方式，所使用的工具就是热熔器。热熔器的插座需要做过接地处理，操作前应对热熔器及配件进行检查，以免造成事故。

PP-R管热熔连接要求	
项目序号	内容
1	热熔器使用前，需清理四周的障碍物和易燃物，然后将其固定在支架上，然后选择合适尺寸的模具头，将其固定
2	管材和管件最好选择同一品牌的产品，热熔加工后会更加结实、牢固；冷水管和热水管绝对不允许混接
3	每根管材的两端在施工前应检查是否损伤，以防止运输过程中对管材产生的损害，如有损害或不确定是否损害时，在管安装时，端口应减去4～5cm
4	遇到管材壁厚在5mm以上时，应切割坡口，保证充分焊透
5	将管材切割到合适的长度，切割时必须使端面垂直于管轴线，管材切割应使用专用管剪
6	热熔的最佳温度为260～280℃，低于或高于该温度，都会造成连接处不能完全熔合，留下渗水隐患
7	热熔器接电，到达合适的焊接温度后，把管材直插到加热模头套内，到所标识的深度，同时，对管件也进行同样操作
8	达到加热时间后，立即把管材、管件从加热模具上同时取下，迅速无旋转地直线均匀插入到已热熔的深度，使接头处形成均匀凸缘，并要控制插进去后的反弹
9	接好的管材和管件不可有倾斜现象，要做到基本横平竖直，避免在安装龙头时角度不对，不能正常安装
10	在规定的冷却时间内，严禁让刚加工好的接头处承受外力

排水管的敷设

所有用水的空间都需要安排水口，如果原有建筑中的排水口位置不理想，可以进行移动，但操作方式必须符合规范要求。

排水管的敷设要求	
项目序号	内容
1	所有通水的空间都需要安装下水管与地漏，PVC下水管连接时需使用专用PVC-U胶水涂均匀后套牢
2	排水管道需要水平落差到原毛坯房预埋的主下水管
3	若原有主下水管不理想，可以重新开洞铺设下水管，之后要求用带防火胶的砂浆封好管周。封好后用水泥砂浆堆一个高10mm的圆圈，凝固3天后，放满水，一天后查看四周有无渗透现象，如果没有则说明安装成功
4	若需要锯管，长度需实测，并将各连接件的尺寸考虑进去，工具宜选用细齿锯、割刀和割管机等工具。断口应平整，断面处不得有任何变形。插口部分可用中号板锉锉成15°～30°坡口。坡口长度一般不小于3mm，坡口厚度宜为管壁厚度的1/3～1/2。坡口完成后，将残屑清除干净
5	新改造主排水管时，坐便器的下水应直接注入主下水管，条件许可时宜设置存水弯防止异味
6	地漏必须要放在地面的最低点
7	排水管路全部敷设完成后，必须使用管口封闭将管道保护起来，避免杂物进入排水管而堵塞管道
8	管道连接完成后，应先在墙体槽中用堵丝将预留的弯头堵塞，将水阀都关闭，进行加压检测，试压压力0.8 Mpa，恒压1h不降低才合格
9	橱柜、洗脸盆柜内下水管尽量安装在柜门边、柜中央部位等处

排水管的连接加工

PVC管材确定了使用长度后，可以用钢锯、小圆锯来进行切割，切割后的两段应保持平整，用蝴蝶锉将毛边去掉，并且倒角（倒角不宜过大）。

胶粘的操作方法：将管材切割为合适的长度后，将所有接口处理平齐、干净后，用PVC管胶水把管件的上、下口对好，在胶水没有干的时候往下按进，微调，晾干后即可使用。

在正式粘接之前应先试插一下，深度为承口的3/4

管道粘接完成后，应给胶水一些固化时间

阀门和水表的连接加工

1. 阀门的连接要求。

（1）阀门安装前，按设计文件核对其型号，并按流向确定安装方向，仔细阅读说明书。

（2）如以焊接方式安装时，阀门应在开启状态下安装。

（3）用手柄拧动的阀门可以安装在管道中的任何位置。

（4）淋浴器上的混水阀需要同时连接上冷水管和热水管。

（5）安装结束后用手拧动的阀门旋转数次，若灵活无停滞，说明使用正常。

2. 水表的连接要求。

（1）水表是水用量的计量工具，为了保证计量的准确性，安装时水表进水口前段的管道长度应至少是5倍表径以上距离,出水口管道的长度至少是2倍表径以上的距离。

（2）安装水表前应保证管道内部干净无杂物，以防其流入水表使其损伤。

（3）安装水表的管道应保证充满水，不会使气泡集中在表内，避免安装在管道的最高点。

（4）水表的进水口和出水口的连接管道不能缩小管径。

（5）水表前应安装一个阀门，以便维修的时候截断水路。

（6）水表水流方向要和管道水流方向一致。

3.7 水、电改造工程封槽的要求

水、电改造工程的封槽操作

完成水路管线的敷设后，应用1：2的水泥将槽线填满，这一环节就是“封槽”，目的是将管线与后期铺地板或铺砖所用的干砂隔开，防止水管的热胀冷缩造成瓷砖空鼓。电路改造同样需要封槽，操作和要求均相同。

槽线封闭的要求

项目序号	内容
1	水泥超过出厂期三个月不能用。不同品种、标号的水泥不能混用。黄砂要用中粗河砂
2	水管线进行打压测试没有任何渗漏后，才能够进行封槽。电路需检查无误后才能封槽
3	封槽前，检查所有的管道，对有松动的地方进行加固
4	被封闭的管槽，所抹批的水泥砂浆应与整体墙面保持平整

封槽应使用什么材料

关于封槽用石膏还是用水泥，很多人都不太清楚。在实际施工过程中，应结合槽线的实际情况选择对应的材料。

石膏的特性是，使用时厚度不能太厚，厚了就容易开裂；而水泥的特性则是厚度不能太薄，太薄也会空鼓、开裂。

多数水管管槽的深度为30mm，因此用水泥最为合适，水泥至少要有3cm，才有一定的稳定性。厨房、卫生间后期要贴砖，因此一定要用水泥封槽，石膏与水泥混合属于杂质，会影响后期粘砖的牢固度。

而卧室等空间的浅槽则可使用石膏来封，不易开裂。

3.8 厨房、卫浴的水路布局

厨房水路布局要求

1. 厨房水管敷设尽量走墙不走地，因为地面要做防水，一旦出现问题，维修起来非常麻烦。

2. 冷、热进水口水平位置的确定：应该考虑冷、热水口的连接和维修空间，一般安装在洗物柜中，但要注意洗物柜侧板和下水管的影响。

3. 冷、热进水及水表高度的确定：应该考虑冷热水口、水表连接、维修、查看的空间、洗菜盆和下水管的影响，一般安装在离地200 ~ 400mm的位置。

4. 排水口位置的确定：主要考虑排水的通畅性，维修方便和地柜之间的影响，一般安装在洗菜盆的下方。

5. 洗碗机进水、排水口位置的确定：冷、热进水口一般安装在洗物柜中，高度在墙面位置离地高200～400mm的位置；排水口一般安装在洗碗机机体的左右两侧地柜内，不宜安装在机体背面。

卫生间水路布局要求

1. 同厨房一样，卫生间的水管在敷设水管的时候尽量走墙不走地。

2. 卫生间的主要用具是洁具，特别要注意每个洁具入水口、出水口与洁具本身高度是否一致，布局的时候不一致，后续则不能正常安装和使用。

3. 若使用浴缸，则墙面的防水层应高出地面250mm以上。

4. 淋浴如果不是淋浴房，则墙面需要做防水，防水层的高度应不低于180cm。

5. 地面必须要做防水层，若开槽布管，则必须连墙面需要的部分一起做二次防水。

6. 洁具安装完毕后，需做闭水试验。

厨房、卫生间水管尽量走顶、走墙不走地

卫生间管路敷设完成后，必须做二次防水

3.9 电路改造施工的步骤

定位画线

家装电路改造的施工步骤为：定位→画线→开槽→管线安装→测试电路→安装配电箱→安装灯具→调试系统。其中画线和开槽的步骤与水路操作方式相同。

水路改造施工具体步骤及内容	
施工步骤	内容
定位	电路施工定位就是明确各种用电设备、设施（如洗衣机、电灯、电视机、冰箱、电话等）的数量、尺寸，安装位置，以免影响电路施工进度与今后的使用
画线	画线是为了确定电线布线的线路走向、中端插座、开关面板的位置，在墙面、地面标示出其明确的位置和尺寸，以便于后期开槽、布线
开槽	开槽是用墙壁开槽机，沿着画线的走向，在墙面和地面上开出槽线，以方便埋设电工套管和电线
管线安装	开槽完成后，就可以开始埋设管路，将管路按照画线的路径将长度截断并进行整体的连接，同时进行穿线、连线
测试电路	在完成布线以后，需要对整体线路进行测试，检查是否有接错线或者线路不通的情况，如发现要及时处理
封槽	管路测试完成后，需要对槽线进行封闭处理，用水泥砂浆将槽路填满，目的是将管线与后期铺砖的干砂隔离开，避免管线引起瓷砖的热胀冷缩而导致开裂
安装开关、插座和灯具	这一步需要在装修工程全部结束后进行，先安装开关和插座，最后安装灯具，通电测试后，电路施工才全部完成

3.10 电路改造施工要求与规范

电路施工要求与规范

电路施工的规范性直接关系到日后家居生活的安全性，因此，在施工过程中应严格按照要求与规范执行，避免留下隐患。

电路改造施工的要求与规范	
项目序号	内容
1	电线、管道及配件等施工材料必须符合产品检验及安全标准。配电箱的尺寸，须根据实际所需空开而定
2	配电箱中必须设置总空开（两极）+漏电保护器（所需位置为4个单片数），严格按图分设各路空开及布线，配电箱安装必须设置可靠的接地连接
3	施工前应确定开关、插座品牌，是否需要门铃及门灯电源，校对图纸跟现场是否相符
4	电器布线均采用BV单股铜线，接地线为BBR软铜线
5	线路穿PVC管暗敷设，布线走向应横平竖直，严格按图布线，管内不得有接头和扭结
6	禁止电线直接埋入灰层，顶面或局部承重墙开槽深度不够的前提下，可改用BVV护套线
7	电话线、电视线、计算机网线的进户线不能移动或封闭，严禁弱电与强电走在同一根管道
8	导线盒内预留导线长度应为150mm，接线为相线进开关，零线进灯头；面对插座时应遵守左零右相接地上
9	电源线管应预先固定在墙体槽中，要保证套管表面凹进墙面 10mm 以上

续表

项目序号	内容
10	所有入墙电线，均用 PVC 套管埋设，并用弯头、直节、接线盒等连接，不可使电源线裸露在吊顶上；禁止将导线直接用水泥抹入墙中，影响导线正常散热和绝缘层被碱化
11	线管与煤气管间距同一平面不应小于100mm，不同平面不应小于50mm，电器插座开关与煤气管间距不小于150mm
12	开关插座安装必须牢固、位置正确，紧贴墙面。开关、插座常规高度安装时必须以水平线为统一标准
13	地面没有封闭之前，必须保护好PVC套管，不允许有破裂损伤，铺地板砖时PVC套管应被砂浆完全覆盖，钉木地板时，电源线应沿墙脚铺设，以防止电源线被钉子损伤
14	经检验电源线连接合格后，应浇湿墙面，用1：2.5的水泥砂浆封槽，表面要平整，且低于墙面2mm
15	工程安装完毕应对所有灯具、电器、插座、开关、电表进行断通电试验检查，并在配电箱上准确标明其位置，并按顺序排列
16	绘好的照明、插座、弱电图、管道在工程结束后需要存档，封槽之前要拍照留底

电料须为合格品

配电箱尺寸根据空开数量定

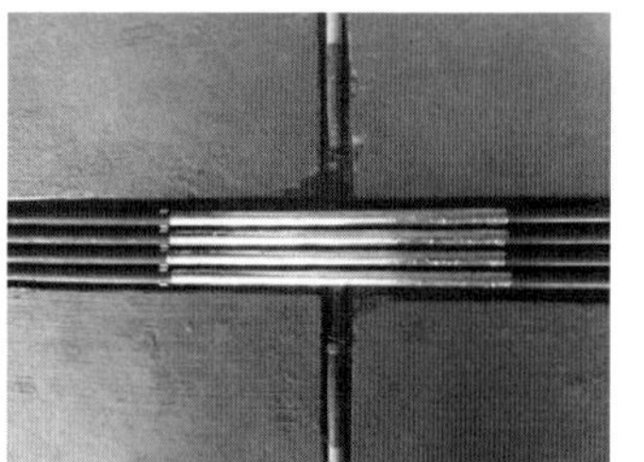

布线须横平竖直

入墙电线需用 PVC 管埋设

检验后用水泥砂浆封槽

槽线应拍照留底

3.11 电路定位、画线与开槽须知

电路定位的要求

在进行电路定位前，需要对家中所有的用电设备的型号、位置做到心中有数，包括所有预计使用的电器、灯具的类型和位置，在厨房和客厅需要多预留一个插座的位置，为以后新增加的电器备用。

确定了所有尺寸后，用彩色粉笔或者黑色墨水笔在墙面上标示出所有的插座、开关的位置，之后用墨斗线将它们的电线线路走向连接起来，使整体管路的布置显示在墙面、地面或顶面上。

电路定位的要求	
项目序号	内容
1	施工前需明确每个房间家具的摆放位置、开关插座的数量，以及是否需要每个卧室都接入网线及电视线，从而考虑布管引线的走向和分布
2	明确各空间的灯具开关类型，是单控、双控还是多控
3	顶面、墙面、柜内的灯具数量、类型及分布情况
4	考虑有无特殊的电路施工要求
5	用彩色粉笔在墙上做标记，要求清晰、醒目。标注的字体要避开开槽的地方，且标注的颜色要一致
6	需要放在桌子上的电器，其插座的位置要将底座考虑进去，如电视柜
7	同一个屋子里面使用多组灯具时，是否需要分组控制
8	如果床头采用台灯，考虑插座的位置是在床头柜上还是床头柜后面

项目序号	内容
9	空调定位时，需要考虑采用的插座是单相还是三相
10	定位热水器时，应清楚是燃气热水器、太阳能热水器还是电热水器
11	厨房的插座定位时，需要清楚橱柜的结构
12	整体浴室的定位，应结合所使用产品的说明和要求完成
13	如果使用音响，需要明确其类型、安装方式、方位，是自己布线还是厂家布线
14	若安装电话，需要明确是否安装子母机
15	清楚网络插口的位置，是单插口还是双插口

家用开关、插座的常见安装高度

项目序号	内容
1	开关离地面一般为1200～1400mm，一般情况下是和成人的肩膀一样高
2	视听设备、台灯、接线板等墙上插座一般距地面300mm
3	电视插座在电视柜下面的200～250mm，在电视柜上面的450～600mm，壁挂电视插座高度为1100mm
4	空调、排气扇等的插座距地面为1800～2000mm
5	冰箱插座适宜放在冰箱两侧，高插距地1300mm、低插500mm
6	厨房所有台面插座距地1250～1300mm，一般安装四个
7	挂式消毒柜的插座离地1900mm左右，暗藏式消毒碗柜的插座高度为离地300～400mm
8	吸油烟机插座高度一般为离地2150mm以上

续表

项目序号	内容
9	燃气热水器插座一般距地1800～2300mm，左右取燃气灶的中间250mm要离开抽烟道
10	烤箱一般放在煤气灶下面，插座距地面500mm左右
11	洗衣机的插座距地面1000～1350mm，坐便器后插座350mm
12	弱电插座一般为离地350mm左右
13	卫生间插座高度一般为离地1400mm左右；电热水器插座高度一般为离地1800～2000mm
14	床头插座与双控持平，离地700～800mm
15	电脑和其他桌上面的插座1100mm

电路开槽的注意事项

电路开槽的操作方式与水路相同，但要求方面存在一些差异，在施工中需要特别注意。

电路开槽的注意事项	
项目序号	内容
1	墙面开槽可分为砖墙开槽、混凝土墙开槽以及不开槽走明线几种情况，具体根据建筑采用的材料而决定采用何种开槽机刀片
2	开槽要求位置要准确，深度要按照管线的规格确定，不能开的过深
3	暗敷设的管路保护层要大于15mm，导管弯曲半径必须大于导管直径6倍
4	开槽的深度应保持一致，一般来说，是PVC管的直径+10mm
5	如果插座在靠近顶面的部分，在墙面垂直向上开槽，到墙顶部顶角线的安装线内。如果插座在墙面的下部分，垂直向下开槽，到安装踢脚板位置的底部

3.12 电路管线的敷设与连接

电路布管要求

在规范地进行画线和开槽后，PVC套管的敷设就会变得简单很多，沿着槽线按照要求加工、连接再放到槽线中固定即可。

PVC套管的敷设要求

项目序号	内容
1	按合理的布局要求布管，暗埋导管外壁距墙表面不得小于3mm
2	PVC管弯曲时必须使用弯管弹簧，弯管后将弹簧拉出，弯曲半径不宜过小，在管中部弯曲时，将弹簧两端拴上铁丝，便于拉动
3	导管与线盒、线槽、箱体连接时，管口必须光滑，线盒外侧应该套锁母内侧应装护口
4	敷设导管时，直管段超过30m、含有一个弯头的管段每超过20m、含有两个弯头的超过15m、含有3个弯头的超过8m时，应加装线盒
5	采用金属导管时，应设置接地
6	为了保证不因为导管弯曲半径过小而导致拉线困难，导管弯曲半径尽可能放大
7	布管排列横平竖直，多管并列敷设的明管，管与管之间不得出现间隙，拐弯处也同样
8	地面采用明管敷设时，应加固定卡，卡距不超过1m。需注意在预埋地热管线的区域内严禁打眼固定
9	在水平方向敷设的多管（管径不一样的）并设线路，一般要求小规格线管靠左，依次排列，以管管平服为标准

电线走线与连线的要求	
项目序号	内容
1	强电与弱电交叉时，强电在上，弱电在下，横平竖直
2	一般情况下，照明用1.5mm^{2}电线，空调挂机及插座用2.5mm^{2}电线，空调柜机用4mm^{2}电线，进户线为10mm^2
3	电线颜色应正确选择，三线制必须用三种不同颜色的电线。一般红、黄、蓝三色为相线色标。绿色、白色为中性线色标，黑色、黄绿彩线为接地色标
4	同一回路电线需要穿入同一根线管中，但管内总电线数量不宜超过8根，一般情况下 ϕ16的电线管不宜超过3根电线， ϕ20的电线管不宜超过4根电线
5	电线总截面面积（包括外皮），不应超过管内截面面积的40%
6	强电与弱电不应穿入同一根管线内
7	电源线插座与电视线插座的水平间距应不小于 50mm
8	穿入管内的导线接头应设在接线盒中，线头要留有150mm的余量，接头搭接要牢固，用绝缘带包缠，要均匀紧密
9	接电源插座的连线时，面向插座的左侧应接中性线，右侧应接相线，中间上方应接地线
10	所有导线安装必须穿入相应的PVC管中，且在管内的线不能有接头
11	空调、浴霸、电热水器、冰箱的线路需从强电箱中单独引出到位置上
12	在所有导线分布到位后，确认无误后才可通电测试

电线穿线顺序和方法

家装中走线可以线管敷设完成后统一穿线，也可以一边埋管一边穿线。线管内事先穿入引线，之后将待装电线引入线管之中。

PVC电工套管的弯管加工

PVC管弯管可采用冷煨法和热煨法。

PVC套管弯管方法比较	
名称	操作方式
冷煨法	断管—小管径可使用剪管器，大管径可使用钢锯断管，断口应锉平，铣光
	煨弯—将弯管弹簧插入PVC管内需要煨弯处，两手抓牢管子两头，顶在膝盖上用手扳，逐步煨出所需弯度，然后，抽出弯簧
	使用手扳弯管器煨弯，将管子插入配套的弯管器，手扳一次煨出所需弯度
热煨法	用电炉子、热风机等将管加热均匀，烘烤管子煨弯处，待管子被加热到可随意弯曲时，立即将管子放在木板上，固定管子一头，逐步煨出所需管弯度，并用湿布抹擦使弯曲部位冷却定型，然后抽出弯簧

PVC电工套管管路的连接要求

PVC电工套管使用胶粘的方式进行连接，管路的连接有严格的要求。

PVC套管连接要求	
项目序号	内容
1	用小刷子粘上配套的塑料管黏结剂，均匀地涂抹在管子的外壁上，然后将管体插入套箍，到达合适的位置。操作时，需要注意黏结剂连接后1min内不要移动
2	管路成垂直或水平敷设时，每间隔1m距离时应设置一个固定点。管路弯曲时，应在圆弧的两端300～500mm处加固定点
3	管路进盒、进箱时，一孔穿一管。先接端部接头，然后用内锁母固定在盒、箱上，再在孔上用顶帽型护口堵好管口，最后用泡沫块堵好盒口

3.13 电箱的埋设与断路器安装

强电电箱的埋设与配置要求

电箱的安装步骤：定位画线→剔洞→埋箱→敷设管线→安装断路器→接线→检测→封盖。

具体操作为：

1.根据设计图规定的盒、箱预留具体位置，弹出水平、垂直线，利用电锤、錾子剔洞，洞口要比盒、箱的尺寸稍大一些。

2.洞剔好后，把杂物清理干净，浇水把洞淋湿，再根据管路的走向，打通盒子上相应方向的孔。

3.用高强度的水泥砂浆填充洞口，将电箱稳住，位置要端正，水泥砂浆凝固后，再接管路进盒、进箱内部结构。

4.检测电路，安装面板，并标明每个回路的名称。

强电电箱的配置要求

项目序号	内容
1	配电箱内应设置动作电流保护器（30mA），分为几路经过控制开关，分别控制照明回路、插座回路，如果面积较大，还需要细分
2	建议将卫生间和厨房设置成单独的回路控制，并安装漏电保护器
3	配电箱的总开关若使用不带漏电保护功能的开关，就要选择能够同时分断相线、中性线的2P开关，且如果夏天要使用空调之类制冷设备时，宜选择功率大一些的
4	如果有独立的儿童房，可以将其回路单独控制，平时将插座回路关闭以保证安全
5	控制开关的工作电流应与所控制回路的最大工作电流相匹配，一般情况下，照明10A，插座16～20A，1.5P的壁挂空调为20A，3～5P的柜机空调25～32A，10P中央空调独立2P的40A，卫生间、厨房25A，近乎2P的40～63A

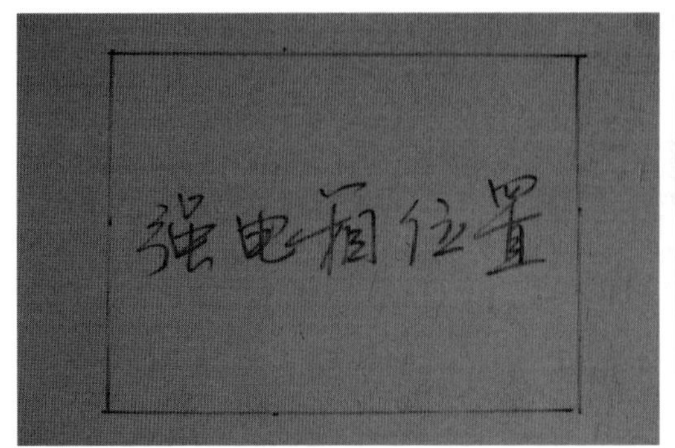

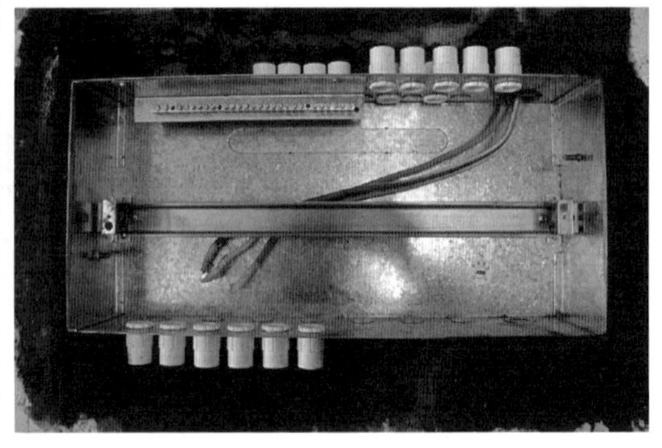

首先根据图纸预留位置，画线、弹线，而后剔除洞口；然后将暗盒或电箱埋设到洞口中

弱电电箱的作用

家居弱电电箱又可称为多媒体信息箱，它的功能是将电话线、电视线、宽带线集中在一起，然后统一分配，提供高效的信息交换与分配。

弱电电箱中应设有电话分支、计算机路由器、电视分支器、电源插座、安防接线模块等。不同品牌的弱电电箱构造会存在一些差异，可以根据需求进行具体地挑选。

弱电电箱的安装

安装步骤：画线→剔洞→埋箱→敷设管线→压制插头→理线、测试→安装模块条→安装面板。

1.根据预装高度与宽度定位画线。

2.用工具剔出洞口、埋箱，敷设管线。

3.根据线路的不同用处压制相应的插头。

4.测试线路是否畅通。

5.安装模块条、安装面板。

6.信息线缆在进箱后应预留300mm。综合信息接入箱宜采用暗装式低位安装，箱体底边距离地面不应小于300mm。

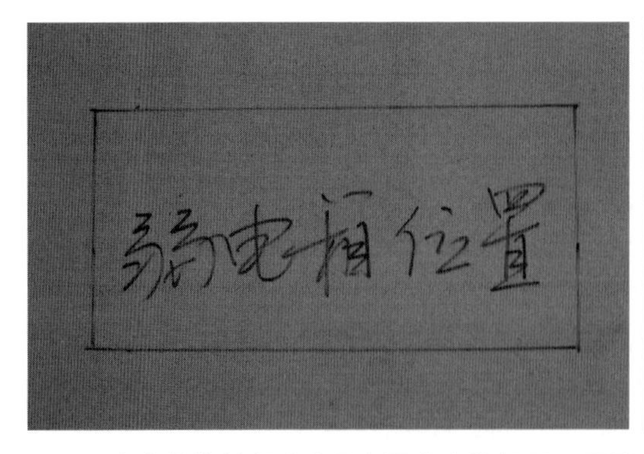

安装弱电电箱的前部分步骤与强电电箱相同，区别在于弱电电箱内是模块，需要与信号线连接。

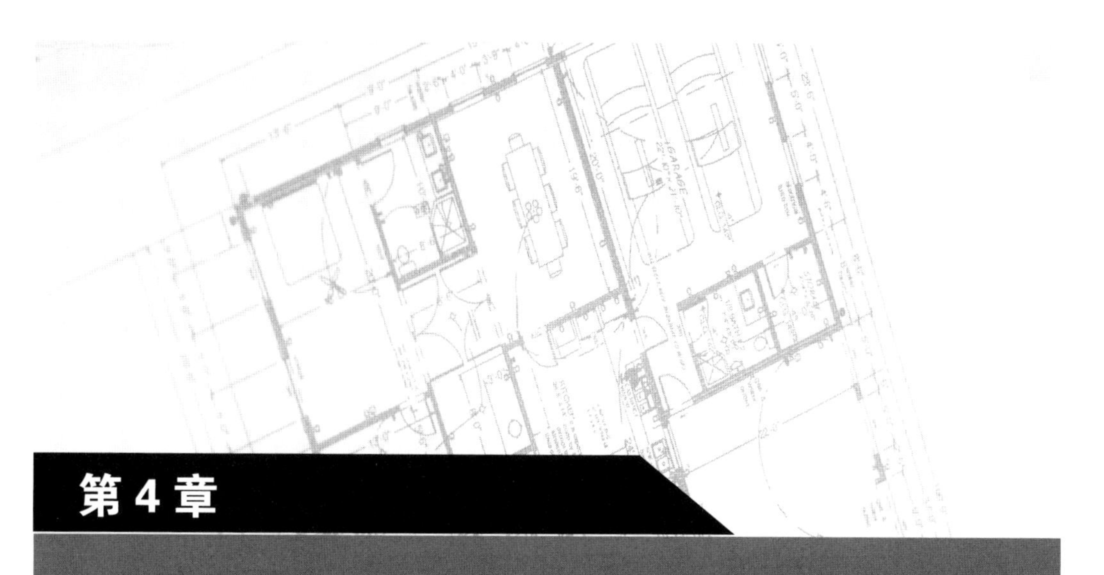

第 4 章

图解家装水电设计

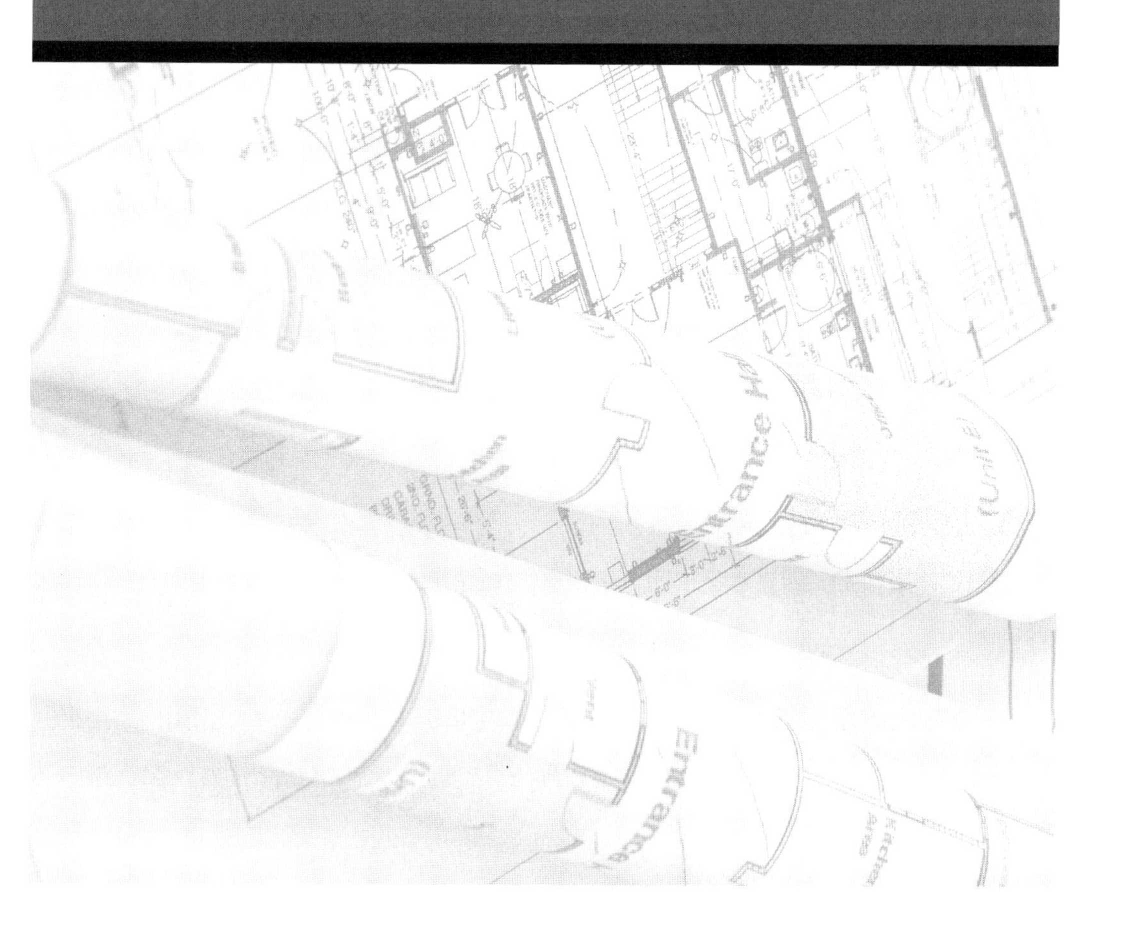

4.1 客厅电路设计

电路安装位置及要求

1. 照明

开关：安装高度为距离地面1300～1400mm。

顶灯：吊灯或吸顶灯，吸顶灯紧挨吊顶，吊灯的适宜高度为灯的底沿距离地面2200mm，如有特殊情况最低不能少于1800mm。

壁灯：安装高度为距离地面1800mm以上。

筒灯：安装筒灯吊顶底边距离原建筑顶面需预留不少于150mm的高度。

射灯：通常安装在墙面上做局部照明使用，位置根据需要烘托的主体具体制定。

落地灯：便于阅读和渲染气氛，位置通常为沙发旁边，如果有卧榻或者休闲椅，可将落地灯放置在附近，落地灯罩下沿距离地面高度不应小于1800mm。

台灯：通常放置在沙发的两侧。

暗藏灯：根据造型设计，可以安装在顶面上，也可以安装在墙面上，墙面上建议使用灯管。

2. 强电

插座：安装高度距离地面300～350mm。

空调：壁挂空调插座高度为距离地面1800mm，柜机插座高度为距离地面300mm。

3. 弱电

电视及网络插口：根据壁挂电视的底座位置制定插座的高度，通常安装在电视底座下沿上方高100mm处的位置，两种插座高度平齐。

暖气安装位置及要求

暖气：暖气片的底沿距离地面200mm是最佳的安装高度，散热片高度选择1500～1800mm为佳。

空调孔位置及要求

空调孔：空调孔不宜过大，挂式空调开孔50mm，高度距离地面2100mm左右；柜式空调开孔70mm，高度距离地面为100mm。

客厅电路设计案例1—— 新中式客厅

新中式风格的客厅具有一些古典感，在选择开关、插座的颜色时，可以结合墙面的材质，尽量使它们隐藏起来，高度在安装时可以进行一些小幅度的调整。

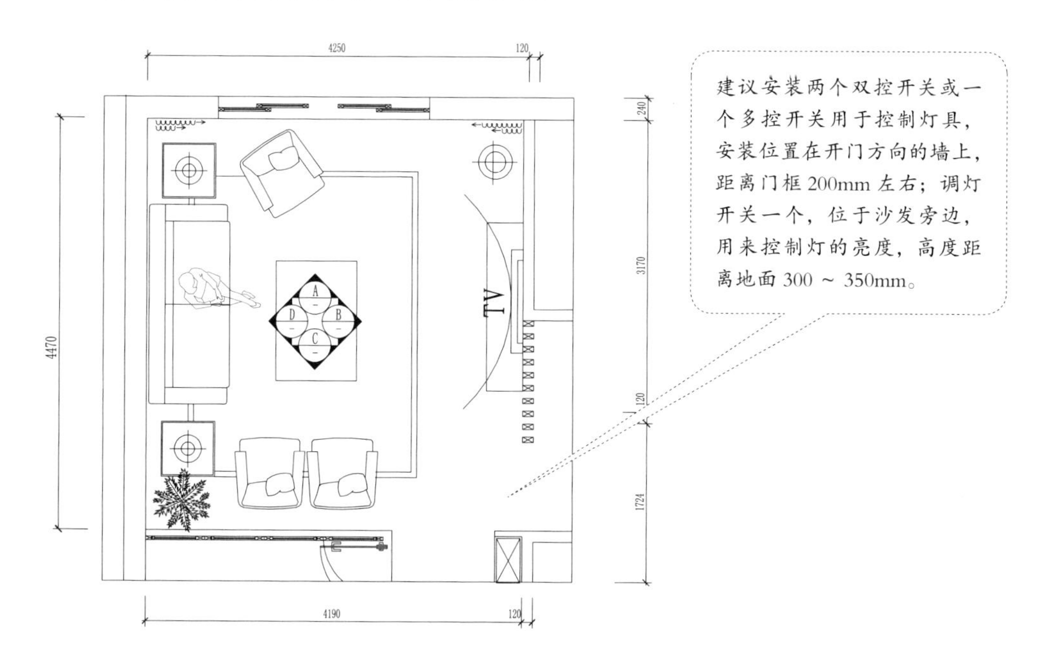

平面布置图

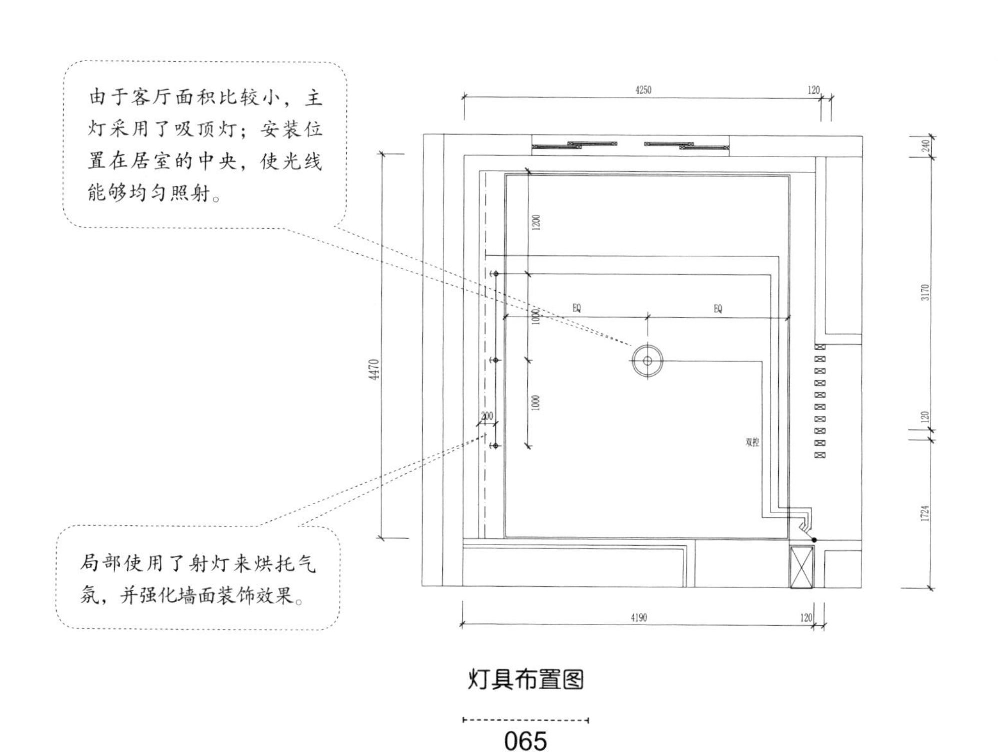

灯具布置图

挂机空调孔开在临近阳台的墙面上，高度为2100mm，孔直径为50mm。

临近电视墙的侧面墙，高度距离地面350mm处可安装一个多功能五孔插座，便于柜机空调或落地灯、电扇等使用。

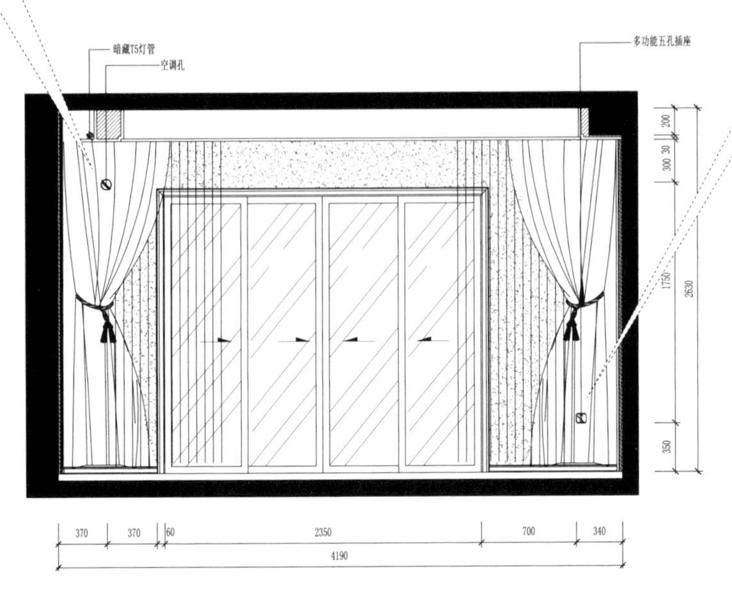

A 立面图

建议电视墙一侧安装5孔插座3个（电视、DVD、备用插座等）。弱电插座与强电插座距离不能少于200mm。

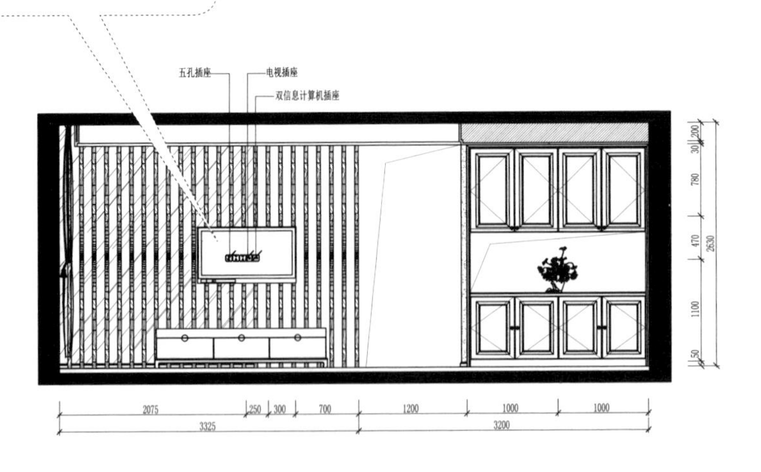

B 立面图

暗藏灯带建议使用T5灯管或者蛇形软管灯。灯管的光强度大，软管灯造型容易。

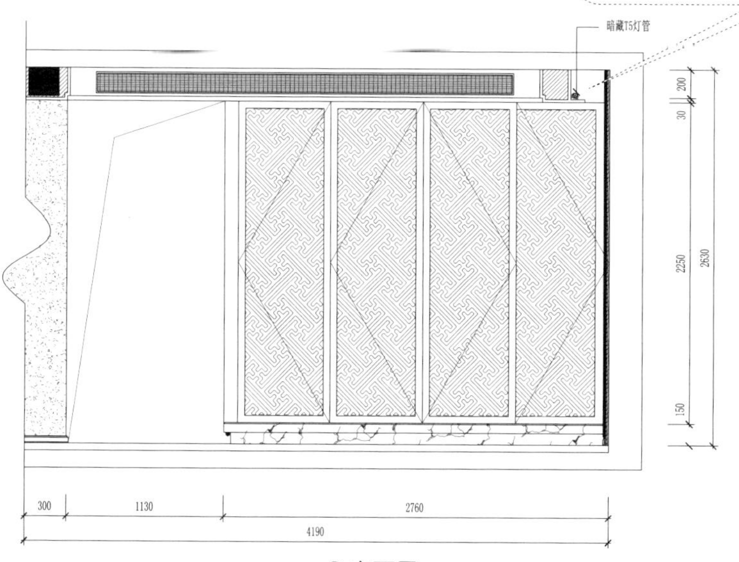

C 立面图

根据壁挂空调位置，在墙面上距离地面1800mm高度安装一个三孔插座。

沙发旁安装5孔插座2～3个，便于使用电扇、台灯。

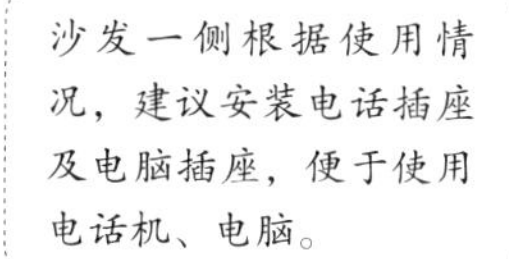

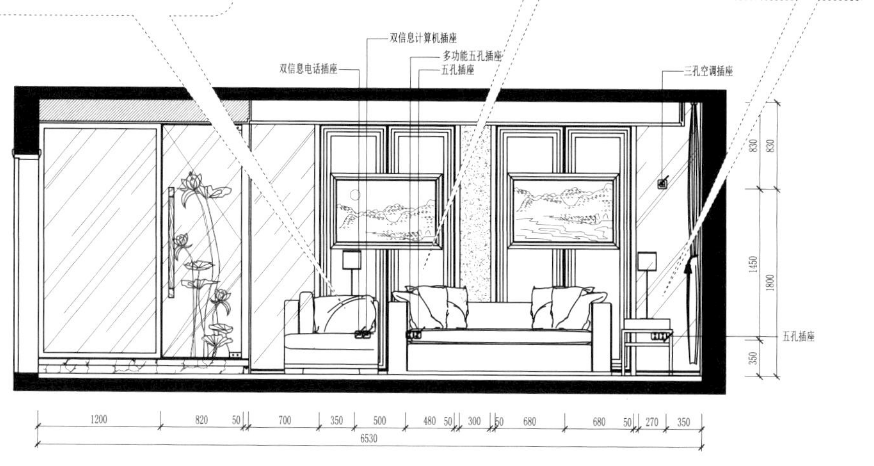

D 立面图

客厅电路设计案例2—— 新古典客厅

新古典风格的客厅面积通常比较宽敞，灯具可以多元化一些，主灯可使用吊灯，除此之外，还可以适当的搭配壁灯、台灯等。电视墙根据需要，除了电视、网络插口外，可以设计音响插口。

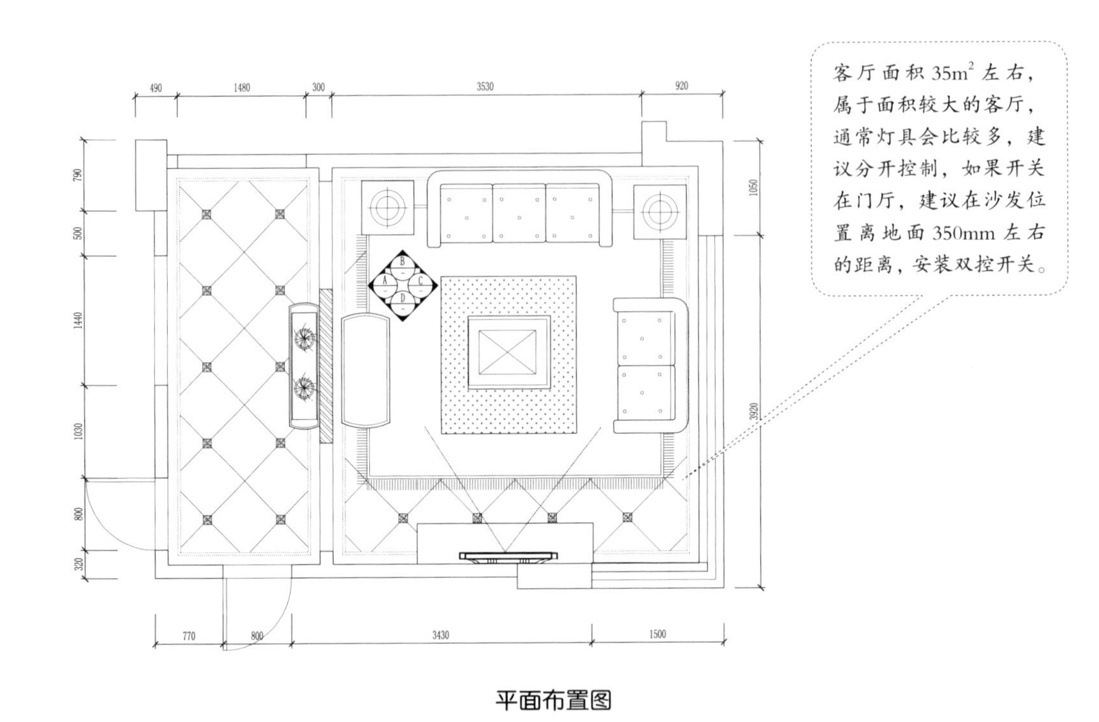

平面布置图

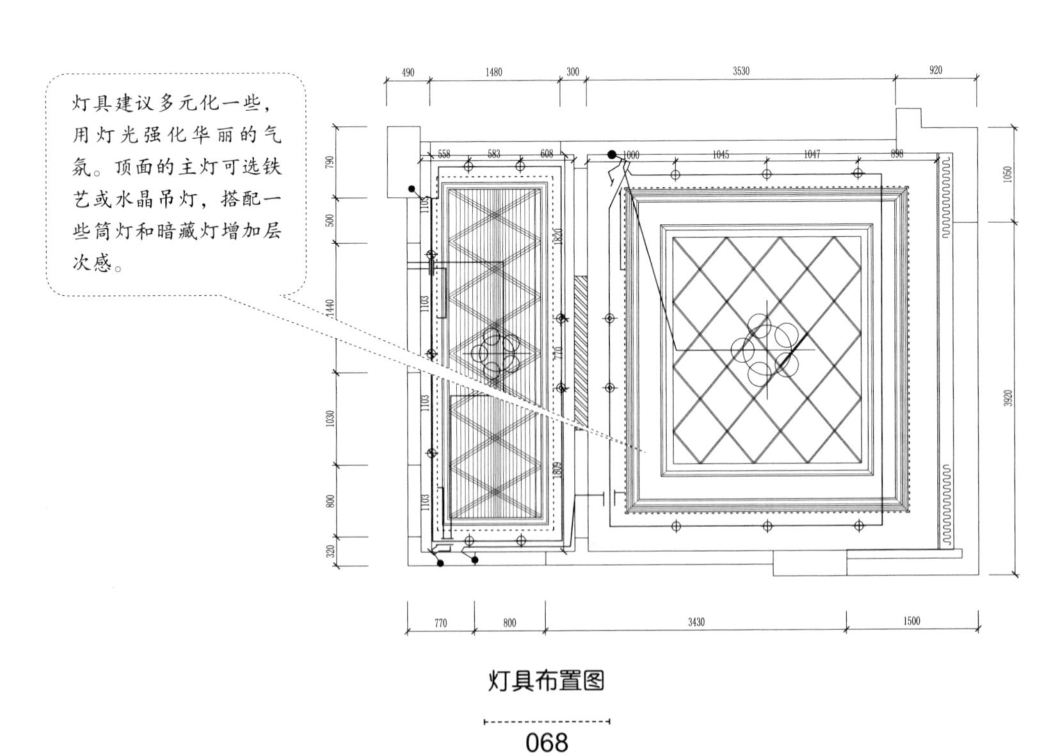

灯具布置图

灯具类型较多，因此开关采用了三联单控开关，方便在同一位置控制灯具，也更美观。安装高度为1250mm。

主沙发的两侧，距离地面350mm高度安装插座，位置从正面看能够被单人沙发遮挡，材料可选择与墙面接近的颜色，避免过于显眼。

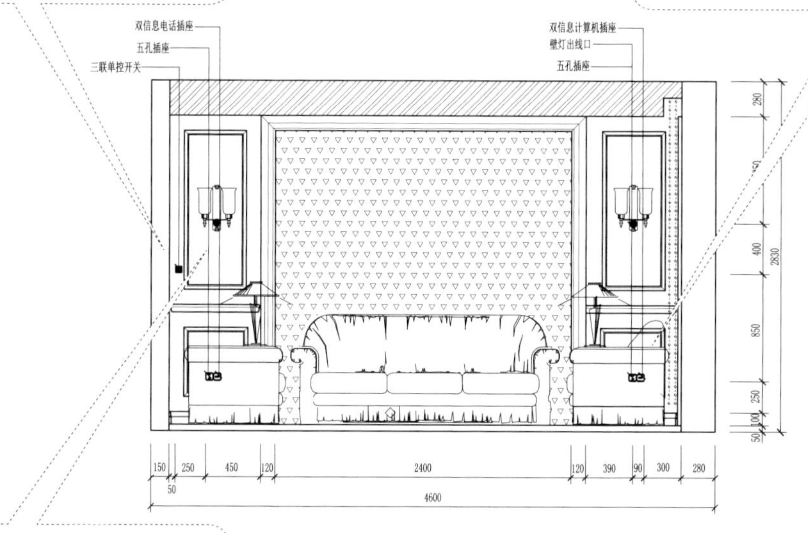

沙发两侧使用欧式壁灯和台灯，使灯光的层次更丰富。

B 立面图

有音响设备，在设计插座时，需要考虑进去，位置在音响后方，高度与其他插座平齐。

电视墙同样安装壁灯，在进行定位时，就需要预留壁灯的出线口。高度为距离地面1650mm。

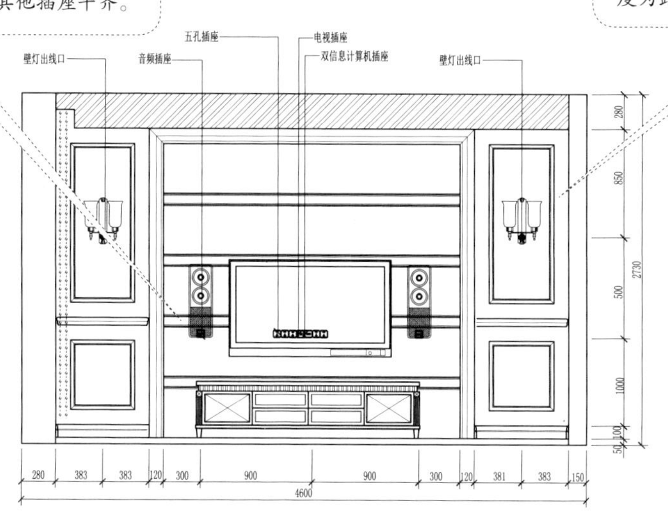

D 立面图

客厅电路设计案例3—— 简约风格客厅

简约风格的客厅，主灯的造型和材质可选择性比较多，可根据房间高度决定使用吊灯还是吸顶灯。开关、插座除了常规的白色外，还可以使用香槟色或者黑色。

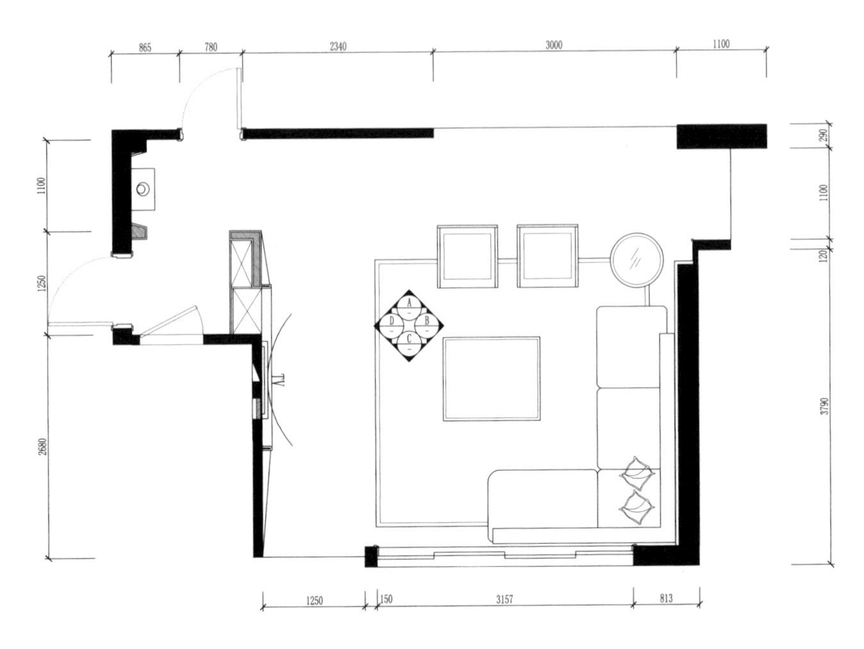

平面布置图

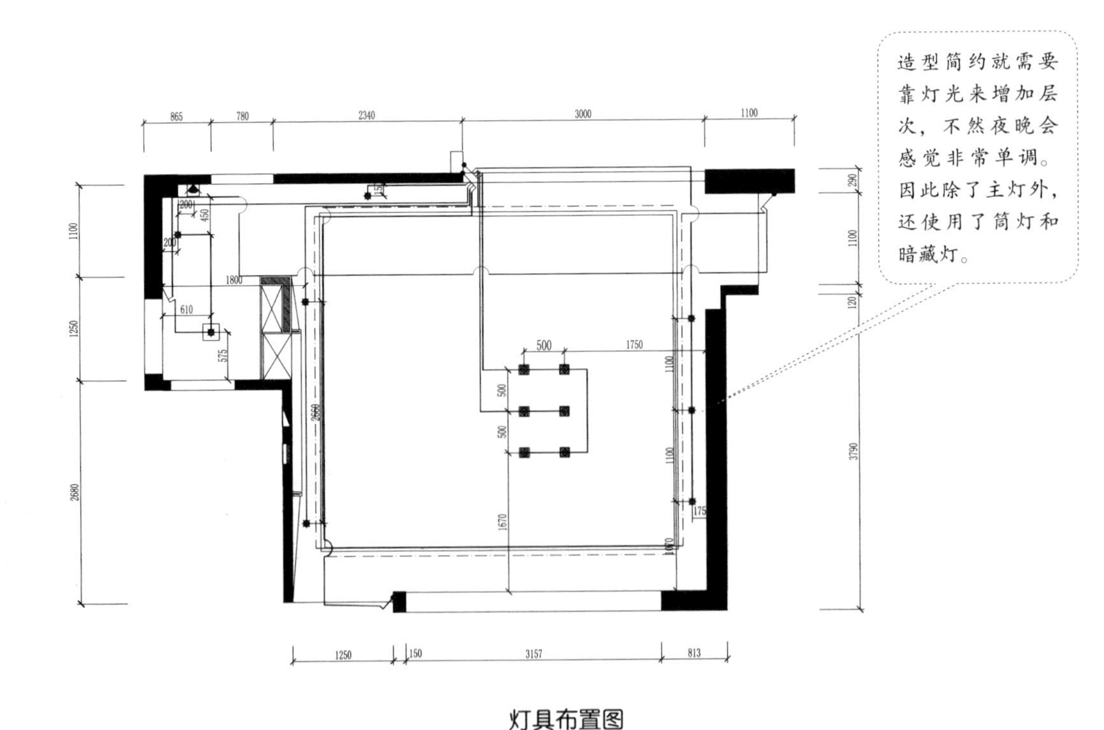

灯具布置图

客厅过道部分的墙面上安装一个带开关的五孔插座，可以用来插接风扇、饮水机等电器。

顶部使用中央空调就需要设计吊顶，顺便设计了暗藏灯槽，能够增加造型的层次感。

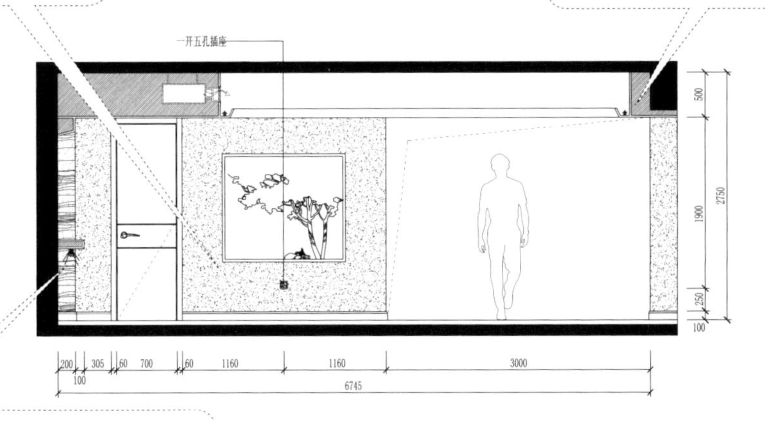

过道尽头的观景台造型简约，下方加设了暗藏筒灯，这些特殊的灯具需要预留线头，建议在定位时就考虑好。

A 立面图

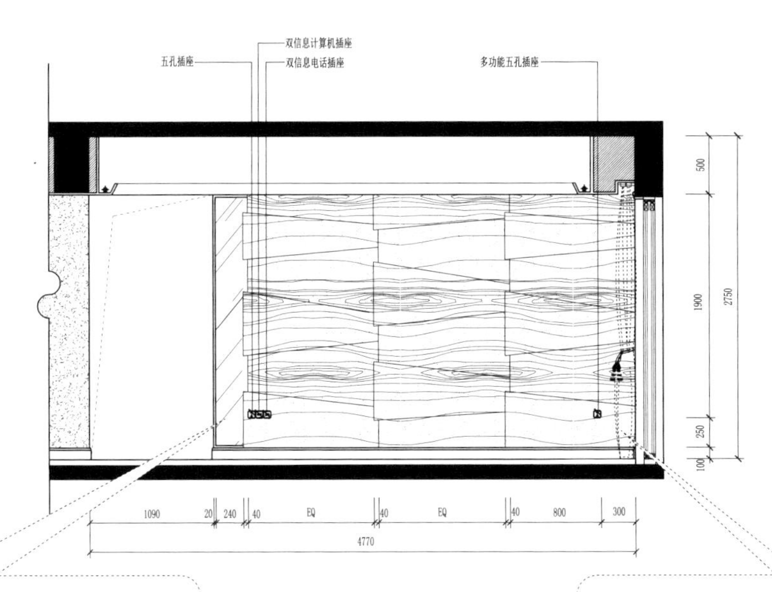

沙发墙的左侧集中安装强电和弱电插座，高度为350mm，多种插座的位置要求水平对齐。

沙发墙右侧安装多功能五孔插座，可以用来插接吸尘器等移动电器或台灯。

B 立面图

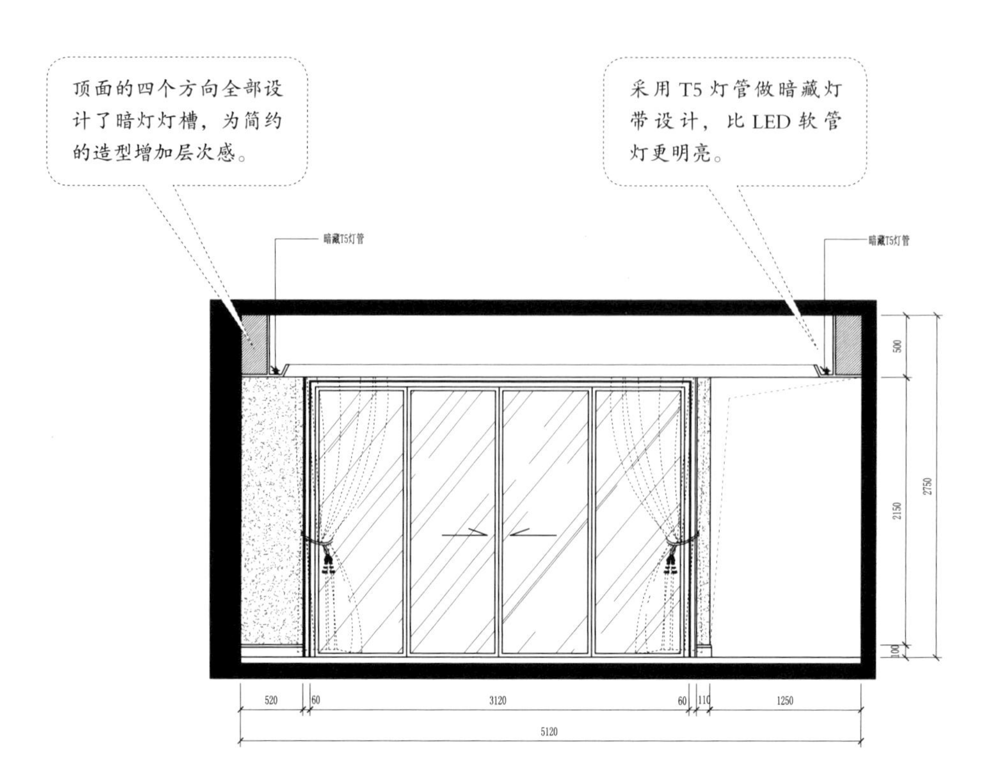
顶面的四个方向全部设计了暗灯灯槽，为简约的造型增加层次感。
采用T5灯管做暗藏灯带设计，比LED软管灯更明亮。
暗藏T5灯管
暗藏T5灯管
500
2150
2750
100
520
60
3120
60
110
1250
5120

C 立面图

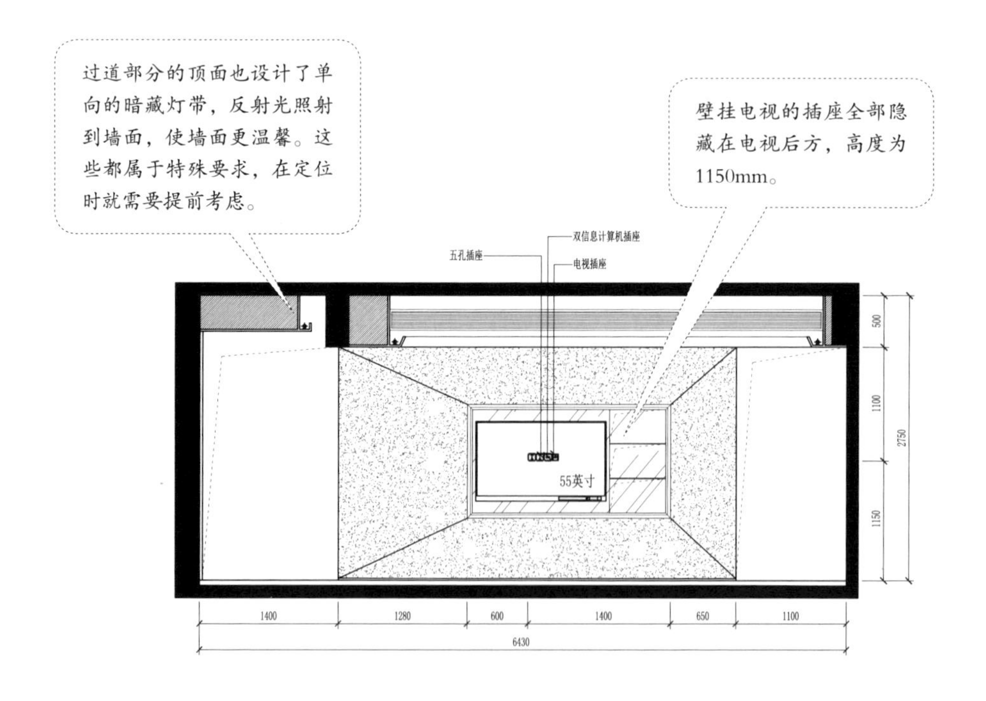
过道部分的顶面也设计了单向的暗藏灯带，反射光照射到墙面，使墙面更温馨。这些都属于特殊要求，在定位时就需要提前考虑。
壁挂电视的插座全部隐藏在电视后方，高度为1150mm。
双信息计算机插座
五孔插座
电视插座
55英寸
500
1100
2750
1150
1400
1280
600
1400
650
1100
6430

D 立面图

客厅电路设计案例4—— 独立空间的客厅

空间独立的客厅面积都不会太小，在进行电路设计时，不需要考虑其他空间，自由性就更高一些。特别是有落地灯的情况，只要不影响交通、位置可以随意一些设计。

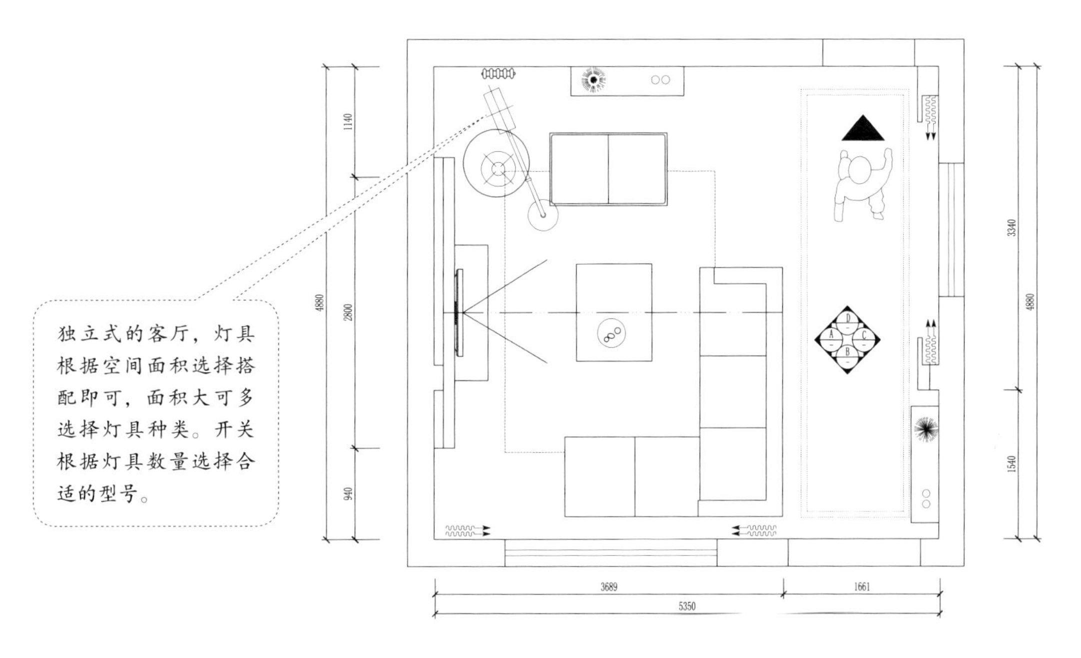

平面布置图

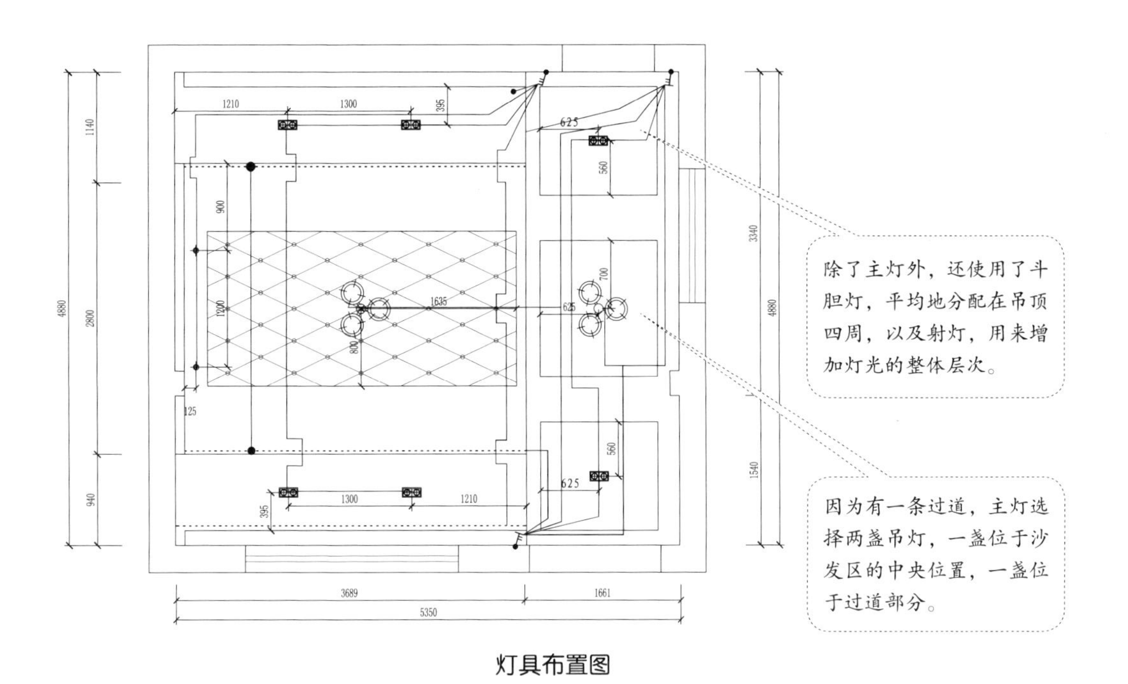

灯具布置图

电视插座设置在距离电视底沿高 100mm 左右的高度，包括电视机五孔插座、电视插座和双信息电脑插座，高度要求平齐。

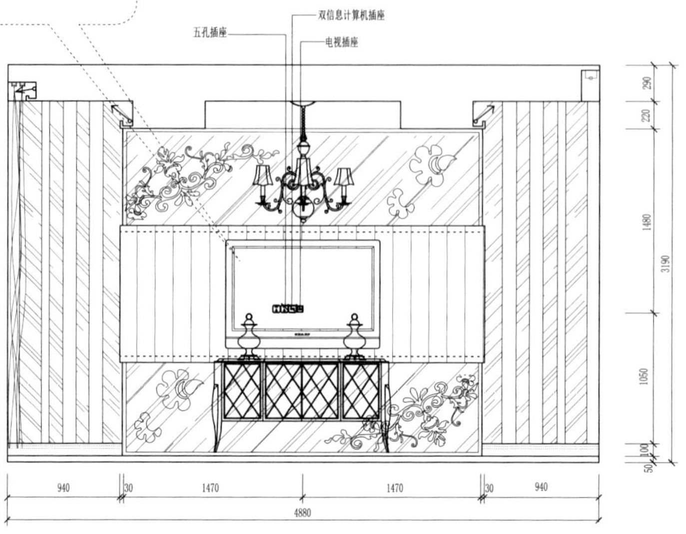

A 立面图

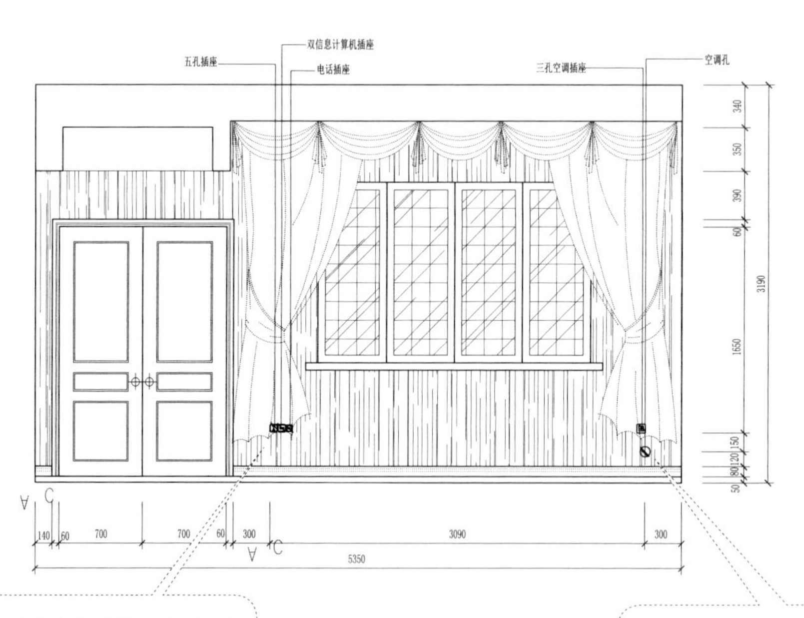

沙发后方为交通过道，所以插座安排在沙发侧墙上，高度做了一些调整，距离地面 400mm 高。

柜机空调孔距离地面 250mm，直径为 70mm，孔洞由内向外应具有一定坡度。

B 立面图

带开关的插座可以用来插接电风扇、移动电器，用开关控制插座，使用更方便。

不确定电器的型号，可以安装一个多功能五孔插座备用，以防进口电器无处安插。

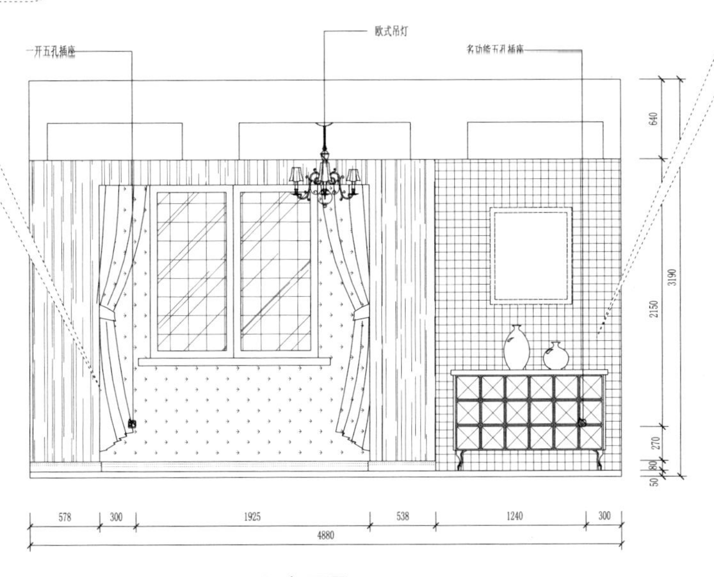

C 立面图

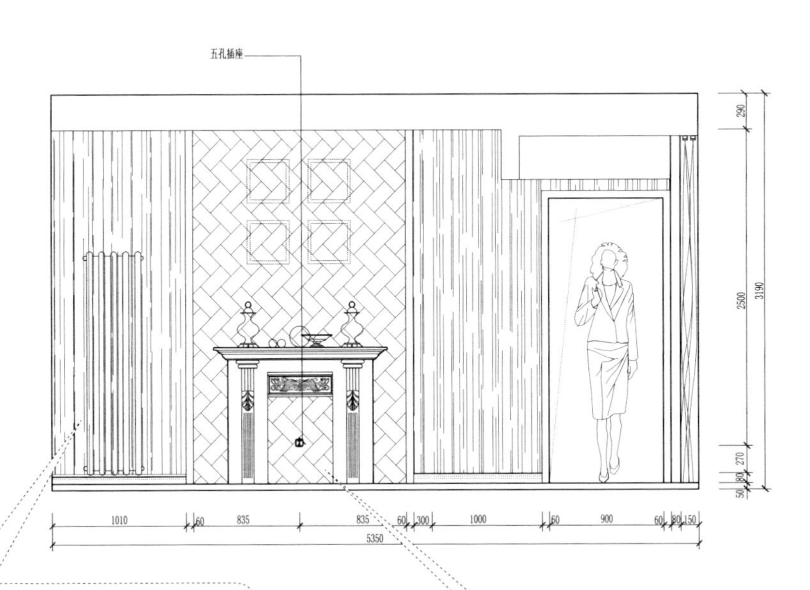

客厅暖气的散热片宜选择高度为1500 ~ 1800mm 的款式，高度为离地 200mm 左右最佳。安装在电视墙的侧面，有利于散热。

落地灯附近墙面安排插座，用来插接落地灯，高度与其他插座平齐，距离地面 400mm。

D 立面图

客厅电路设计案例5—— 不规则客厅

不规则形状的客厅，在设计电路时，要考虑好主灯的位置，可以忽略不规则的部分，放在位于中间的位置上，如果没有规整的部分，则取对角线的交点，再移动到相对中间的位置。

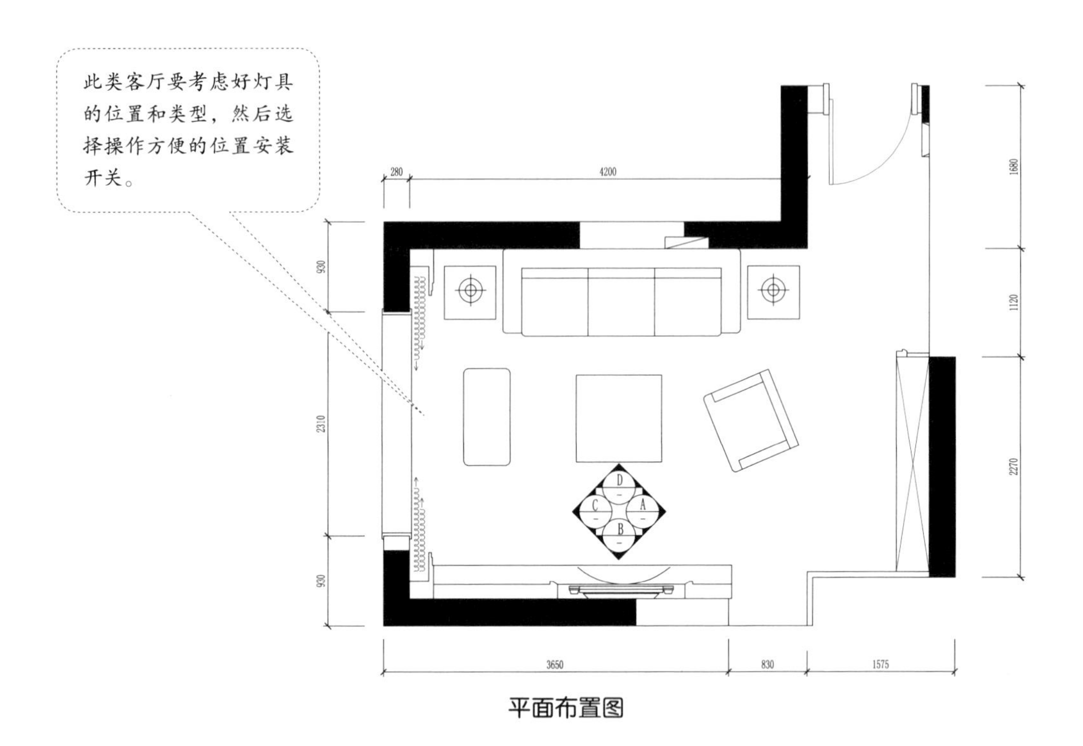

平面布置图

开关选择了双控的类型，在进门处和室内均可控制。

根据客厅的户型，将顶面分成了方形和长方形的两部分，方形中间位置安装吊灯，长方形部分安装筒灯。

灯具布置图

电视墙的壁灯作为装饰使用，因此降低了高度，安装高度定位1400mm，需要提前预留线口。

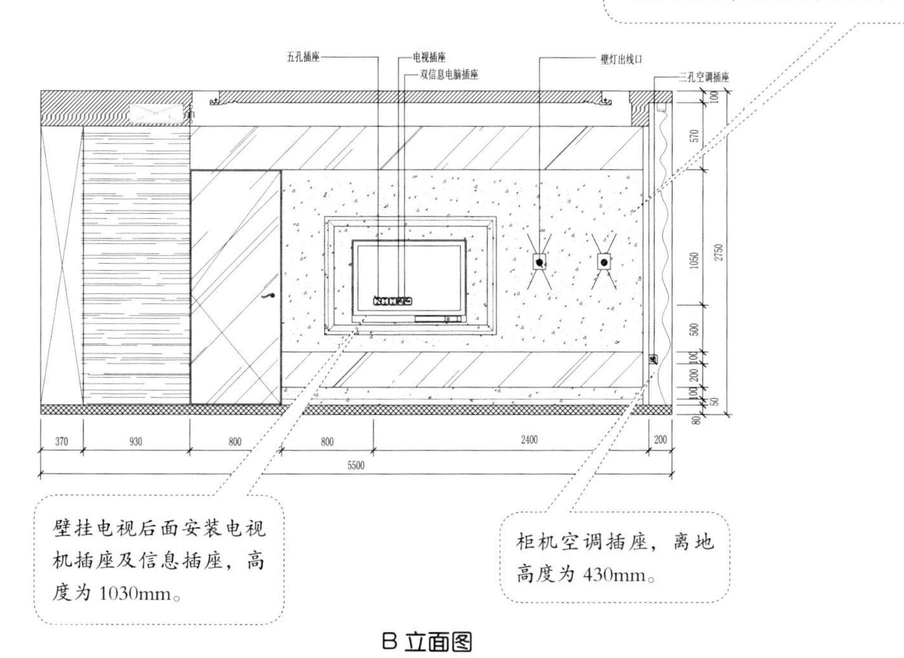

壁挂电视后面安装电视机插座及信息插座，高度为1030mm。

柜机空调插座，离地高度为430mm。

B 立面图

暗藏灯带增加层次，需要提前预留线口。

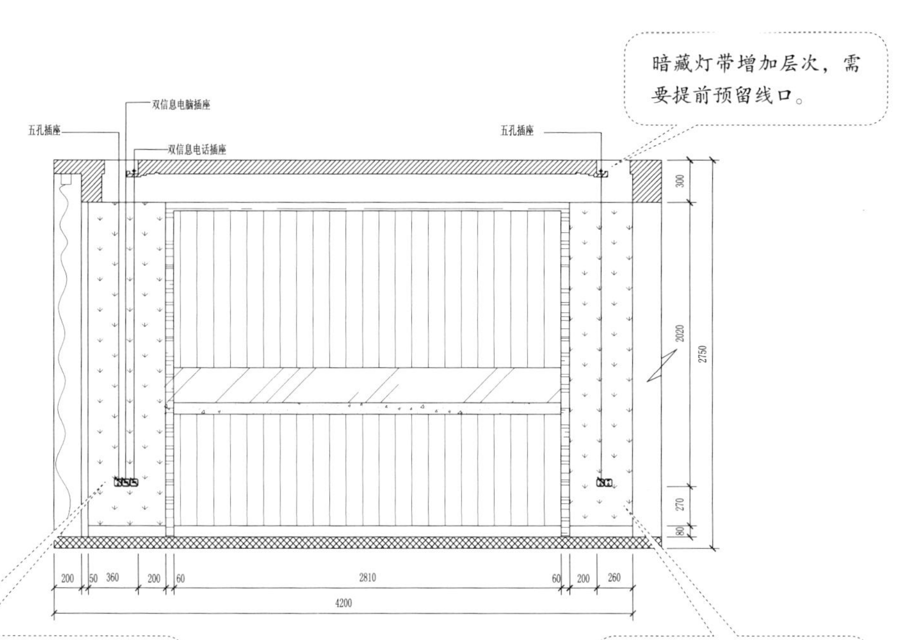

沙发左侧预留信息插座和五孔插座，用来插接台灯、电器和弱电设备，高度与右侧平齐。

沙发右侧预留两个五孔插座，可以插接台灯和电器，离地350mm。

D 立面图

客厅电路设计案例6—— 开敞式客厅

开敞式客厅是最常见的户型形式，不论是灯具的类型、数量还是开关的位置、类型都需要同时将临近的空间考虑进去，结合的进行设计。

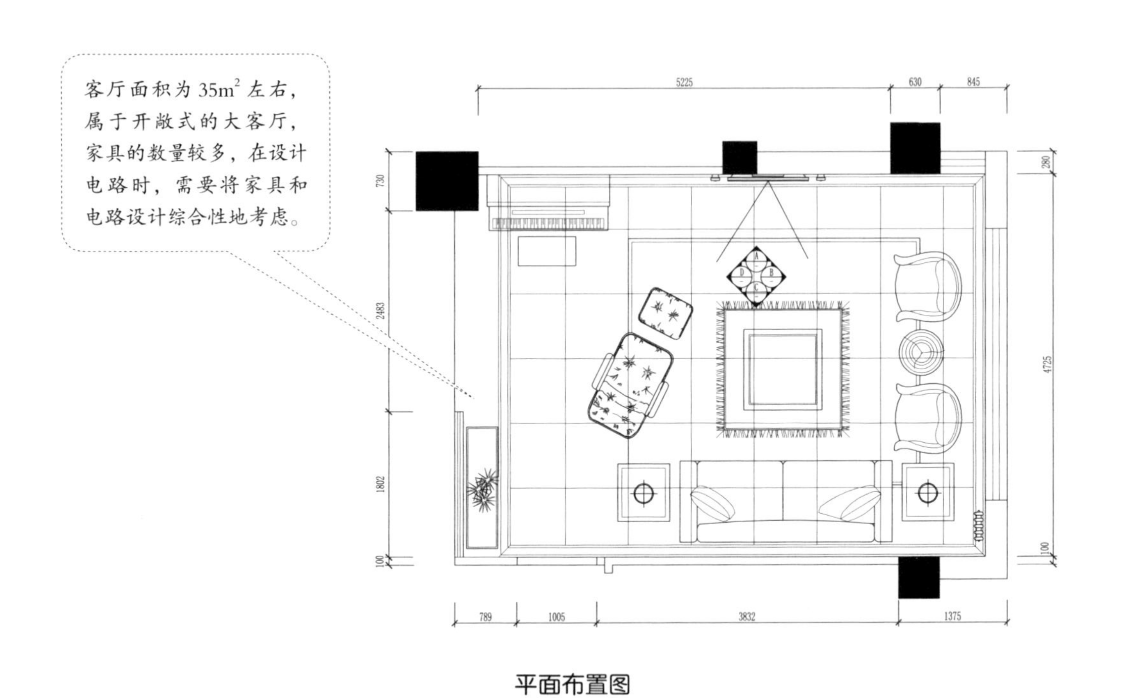

平面布置图

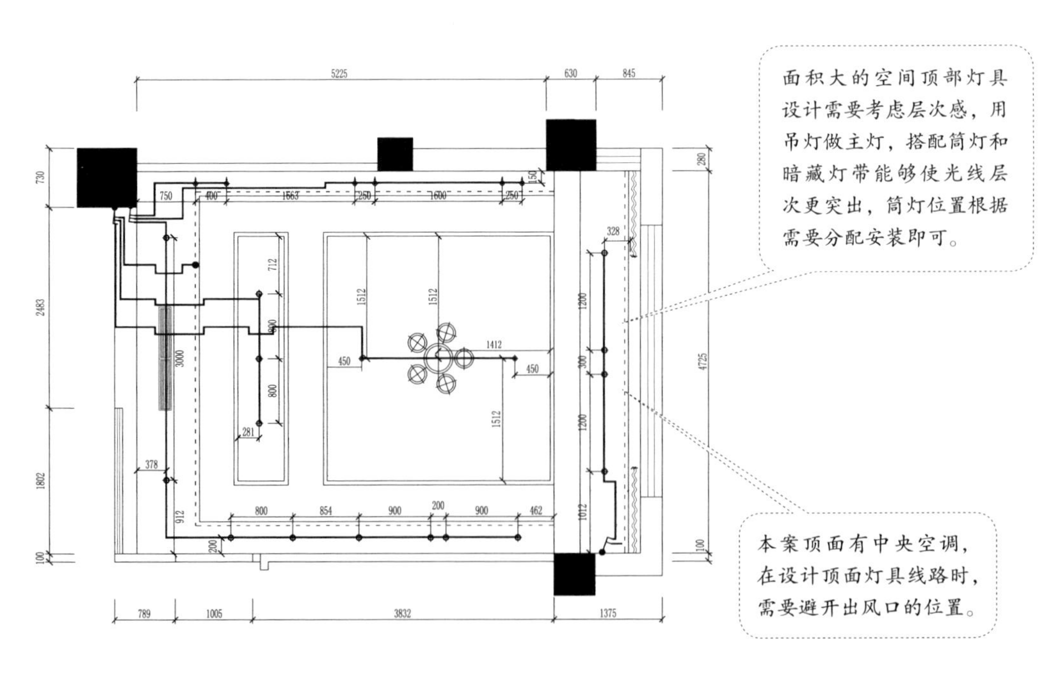

灯具布置图

开关放在了电视墙的一侧墙面上，选择两个三联单控开关，方便在一起控制室内所有灯具。

有壁灯设计，需要提前预留出线孔，高度为1650mm。

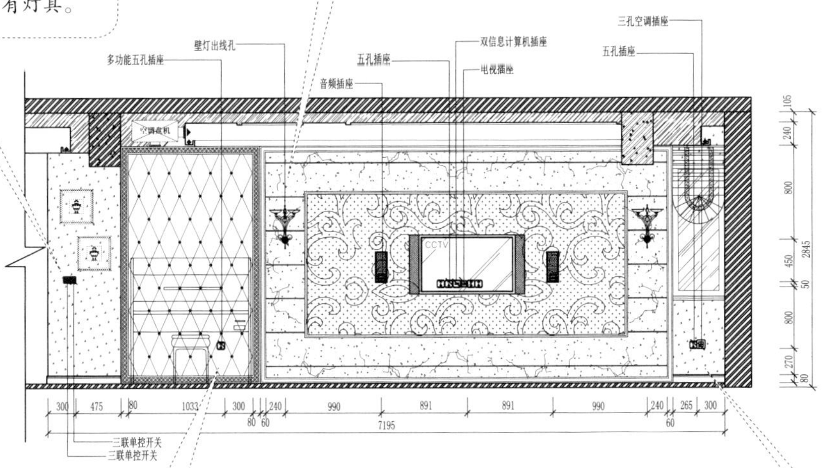

A 立面图

电视墙左侧高度为350mm的位置安装一个多功能五孔插座，以方便插接移动电器。

电视墙右侧设计一个空调插座插接空调，以及一个五孔插座作为备用。

如果安装中央空调，设计顶面灯具需要将出风口位置考虑进去。

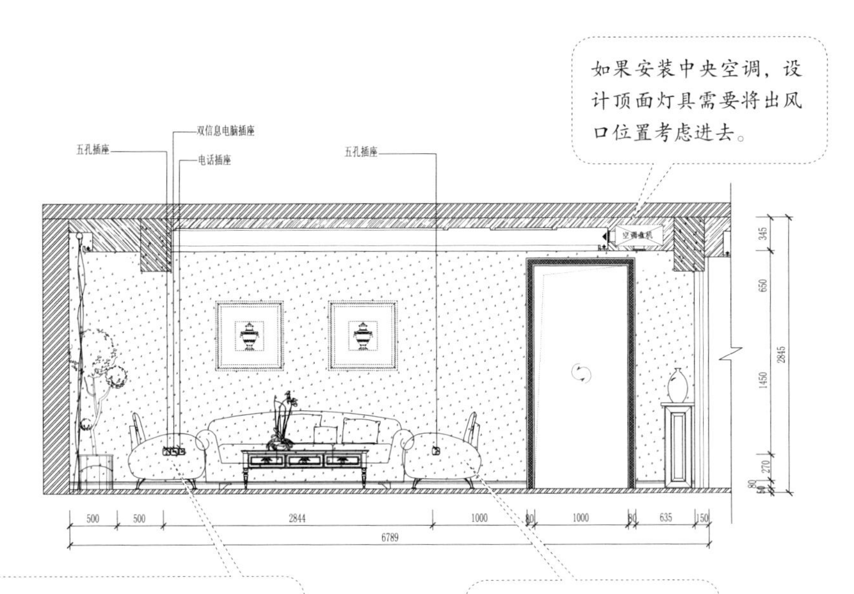

沙发左侧安装五孔插座方便插接手机等电器，以及多个信息插座，插接电话和计算机，高度为离地350mm。

沙发右侧安装一个五孔插座，作为备用插接台灯、饮水机或移动电器。

B 立面图

客厅电路设计案例7—— 有落地窗的客厅

客厅里边有落地窗设计，可以多使用一些局部照明，如落地灯和台灯，空调孔和暖气可以设计在飘窗一面的墙面上。

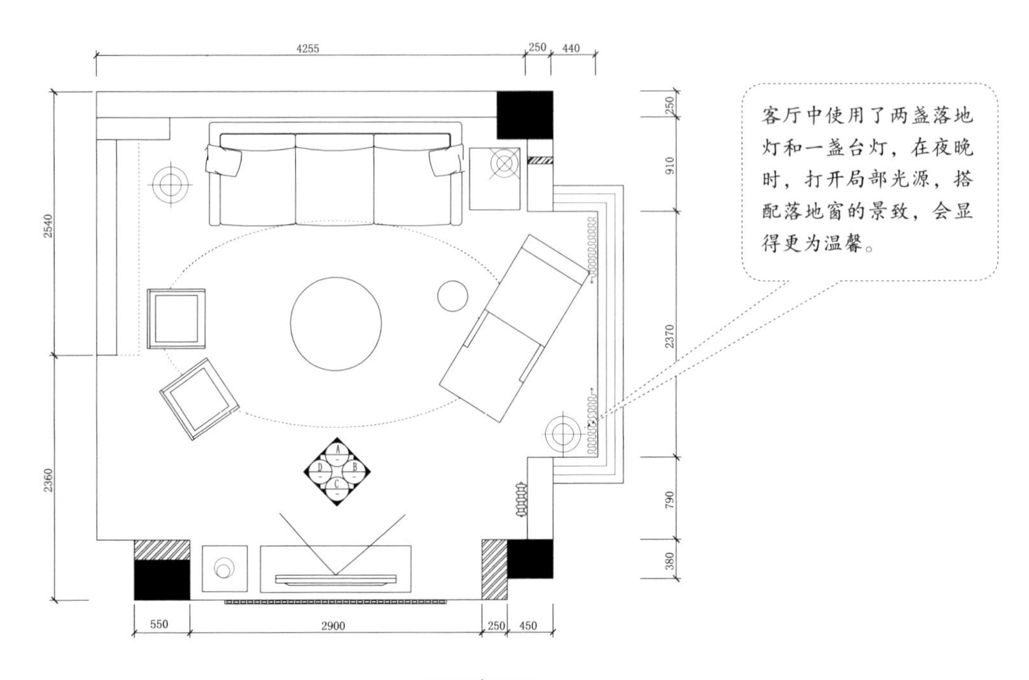

平面布置图

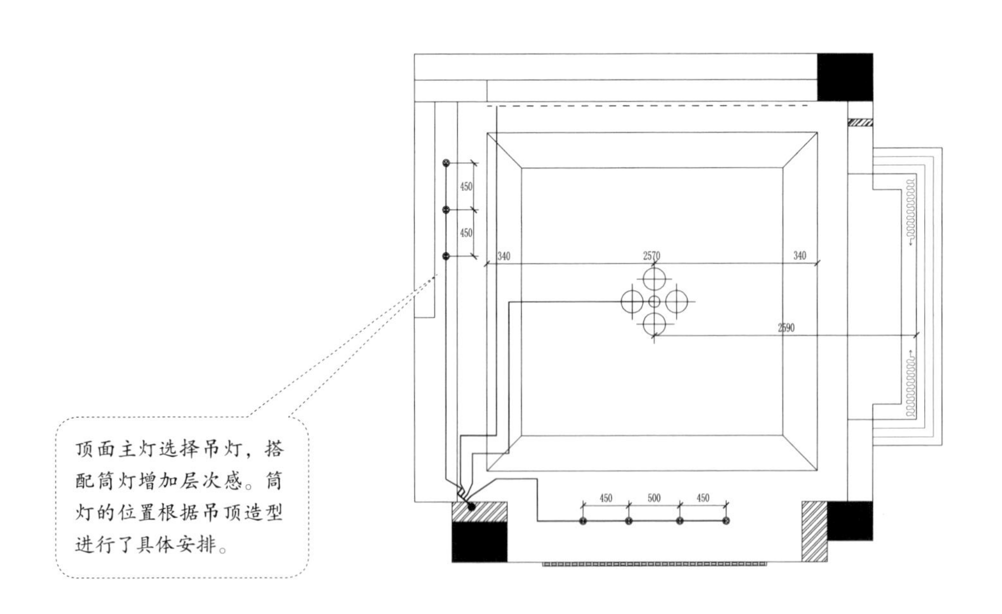

灯具布置图

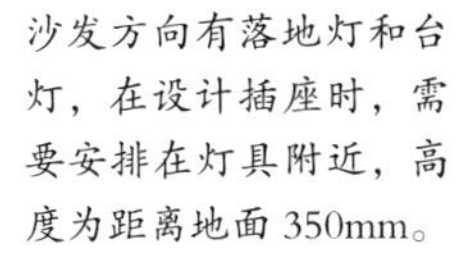

沙发方向有落地灯和台灯，在设计插座时，需要安排在灯具附近，高度为距离地面350mm。

挂式空调插座距离地面高度为1800mm，安装在沙发右侧上方。

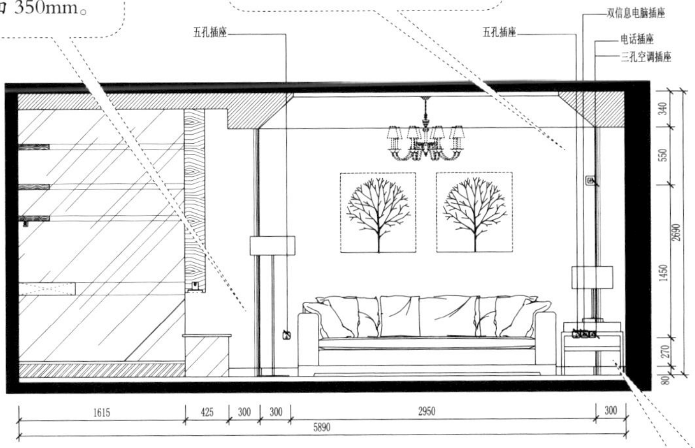

A 立面图

台灯插座和信息插座安装高度与落地灯平齐，均为离地350mm，安装在沙发右侧。

壁挂式空调空调孔设计在靠窗一侧的墙面上，直径为50mm，高度为距离地面2100mm。

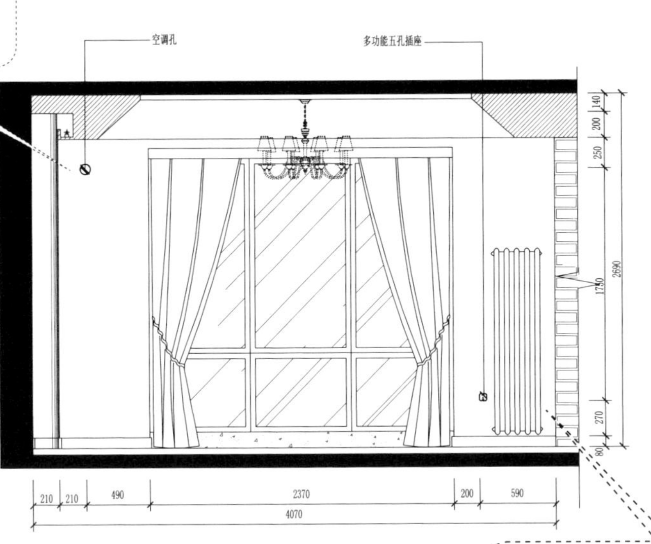

暖气散热片高度为1550mm左右，安装在靠窗一侧的墙面上，有利于散热。

B 立面图

电视墙两侧安装壁灯，需要提前预留出线口，预留高度为距离地面1600mm。

开关放在电视墙右侧墙面上，采用四联式开关，统一控制室内灯具。安装高度为距离地面1150mm。

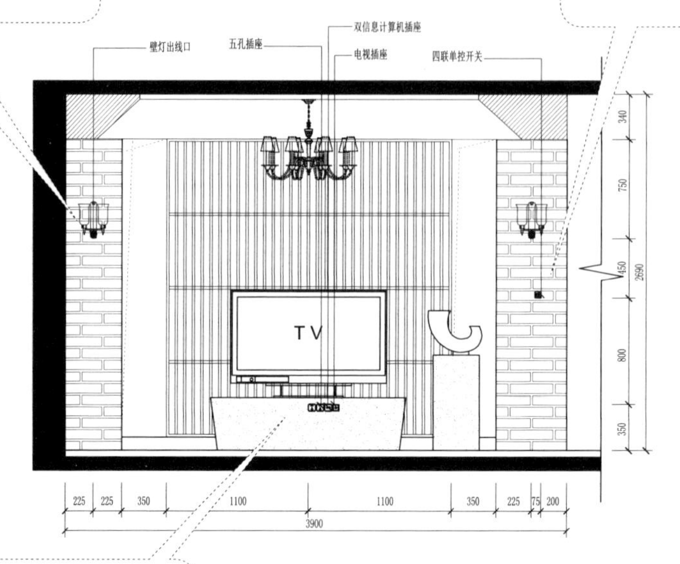

电视机插座及信息插座没有安装在电视后方，根据设计需要高度为距离地面350mm。

C 立面图

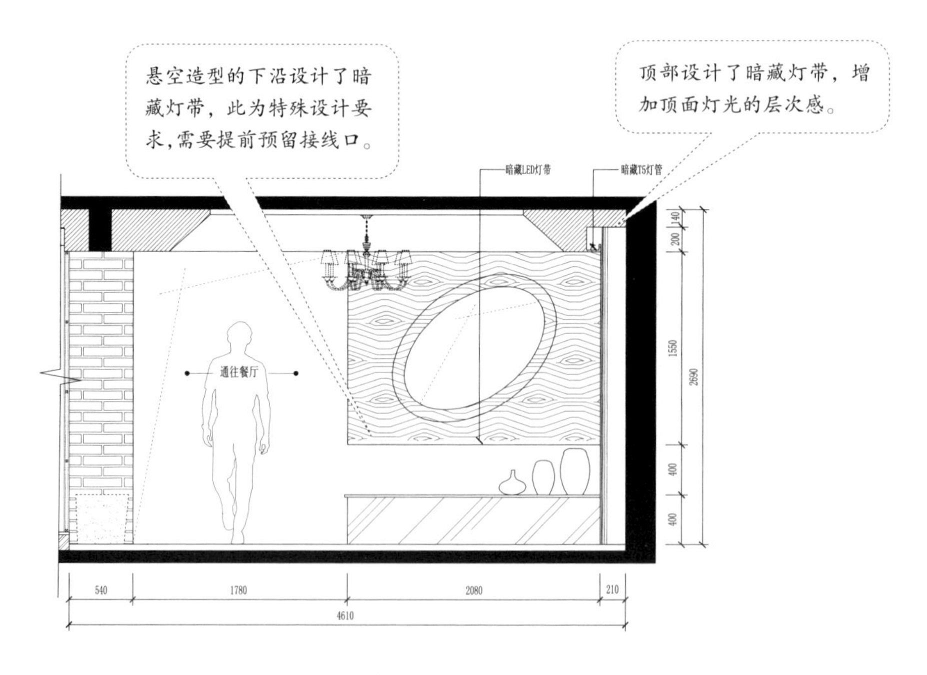

D 立面图

4.2 餐厅电路设计

电路安装位置及要求

1. 照明

开关：安装高度为距离地面1300～1400mm。

顶灯：餐厅多为吊灯或吸顶灯。吊顶的适宜高度为灯的底沿距离地面2200mm，如有特殊情况最低不能少于1800mm，位置为餐桌上方；吸顶灯高度根据吊灯高度制定。

壁灯：安装高度为距离地面1800mm以上。

筒灯：安装筒灯吊顶底边距离原建筑顶面需预留不少于150mm的高度。

射灯：通常安装在墙面上做局部照明使用，位置根据需要烘托的主体而具体制定。

台灯：如果面积很大，有几案设计，可以放在几案上作为装饰及烘托气氛使用。

暗藏灯：通常安装在吊顶上，用来渲染气氛。

2. 强电

插座：安装高度距离地面300～350mm。

空调：壁挂空调插座高度为距离地面1800mm，柜机插座高度为距离地面300mm。

3. 弱电

电视和网络插口：根据壁挂电视的底座位置制定插座的高度，通常安装在电视底座下沿上方高100mm处的位置，两种插口的高度平齐。

暖气安装位置及要求

暖气：暖气片的底沿距离地面200mm为最佳的安装高度，散热片高度选择1500～1800mm的为佳。

空调孔位置及要求

空调孔：空调孔不宜过大，餐厅多为挂式空调，开孔直径为50mm，高度距离地面2200mm左右；空调孔应在刷墙漆之前打好。

餐厅电路设计案例1—— 小面积带阳台餐厅

本案面积不大且带有阳台，在设计开关、插座的位置时需要安排得紧凑一些，并需要考虑阳台灯具是单独控制还是与餐厅一起控制及安装位置，如果有暖气和空调，最好安排在临近窗口的位置。

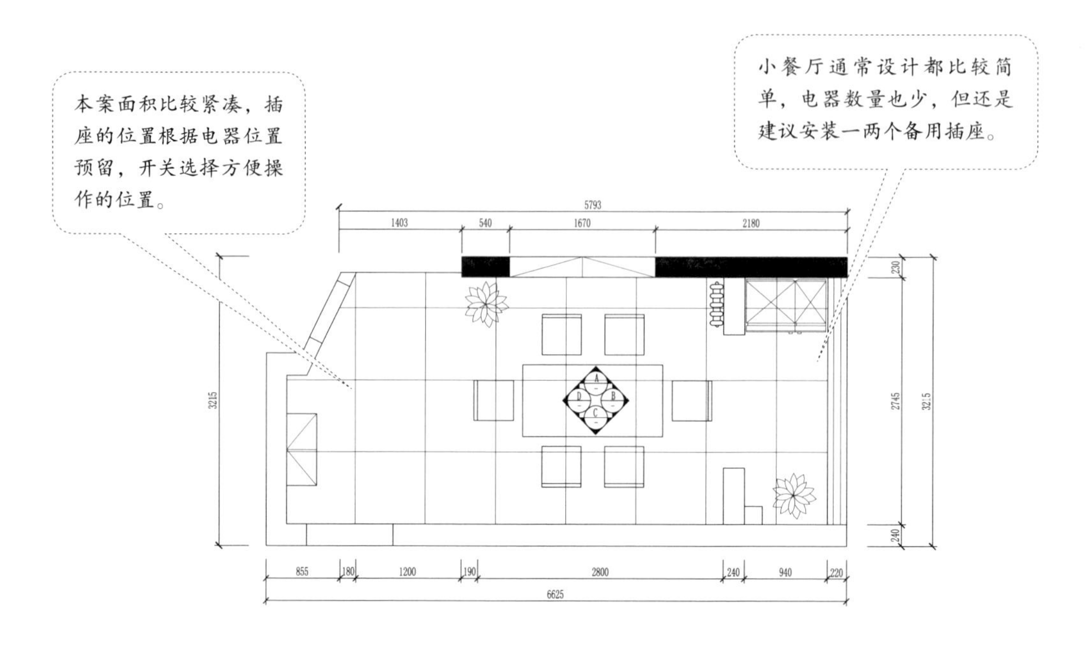

平面布置图

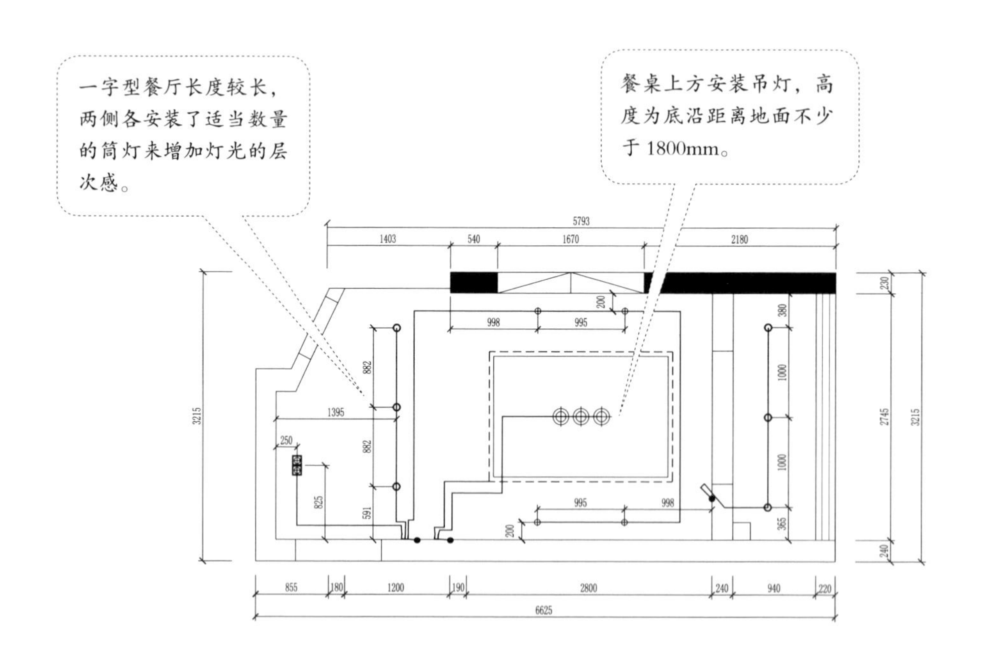

灯具布置图

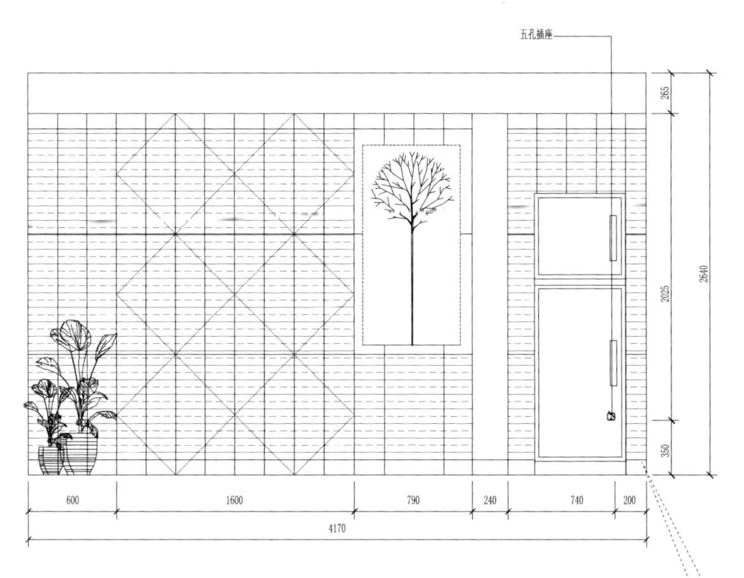

A 立面图

冰箱采用低插，距离地面高度为350mm，位置在冰箱后方。

空调孔同样选择这面墙，靠近窗方便插管。高度为离地2100mm。

暖气离地高度为200mm，散热片高度为1700mm，安装在距离窗较近的侧墙上，有利于空气对流。

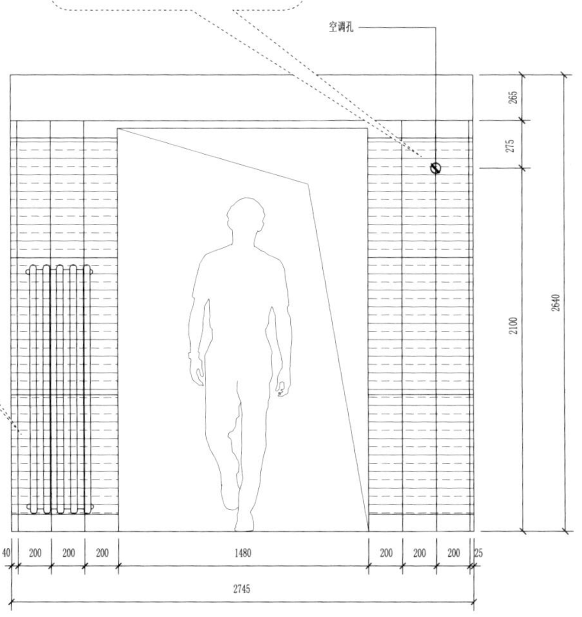

B 立面图

壁挂空调的插座安装在空调孔的侧面墙壁上，高度为距离地面1900mm。

餐厅开关放在了门边，高度为离地 1200mm，方便操作。

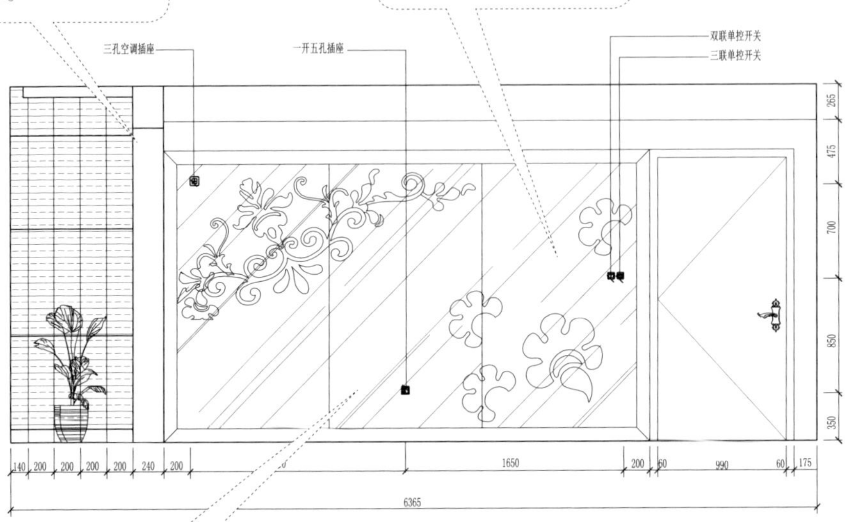

墙面的中间位置，离地350mm 的高度安装一个带开关的五孔插座，用来插接移动电器或饮水机。

C 立面图

装饰柜的附近离地 350mm 的高度安装一个五孔插座，作为备用。

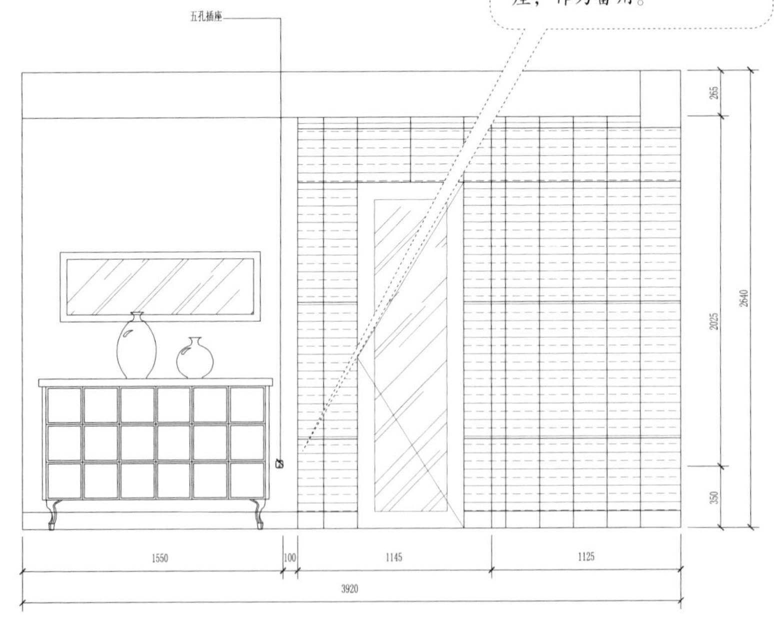

D 立面图

餐厅电路设计案例2—— 一字形餐厅

一字形餐厅通常户型比较规整，灯具的位置宜跟随餐桌，安装在餐桌上方整个空间中相对中间的位置上，开关位置设计在门边，更方便操作。

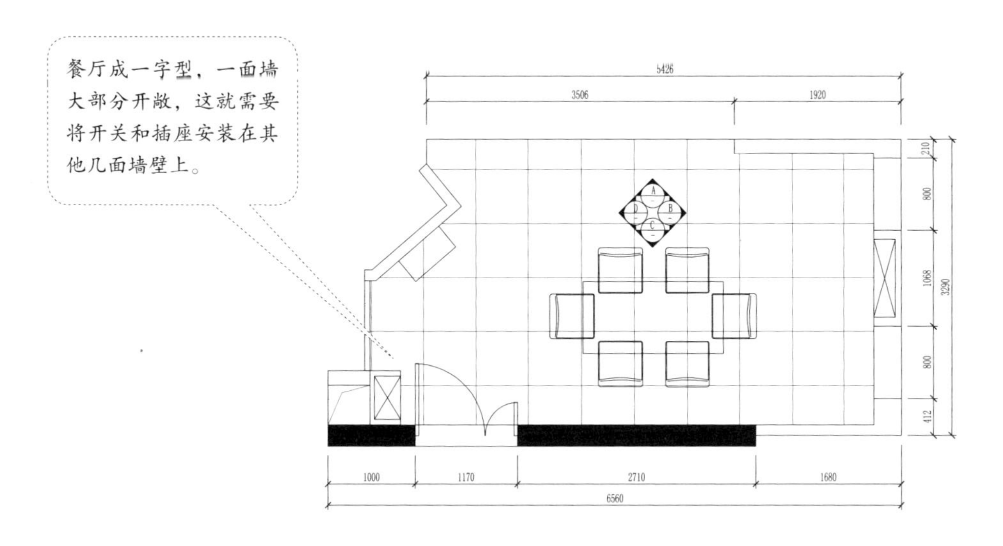

平面布置图

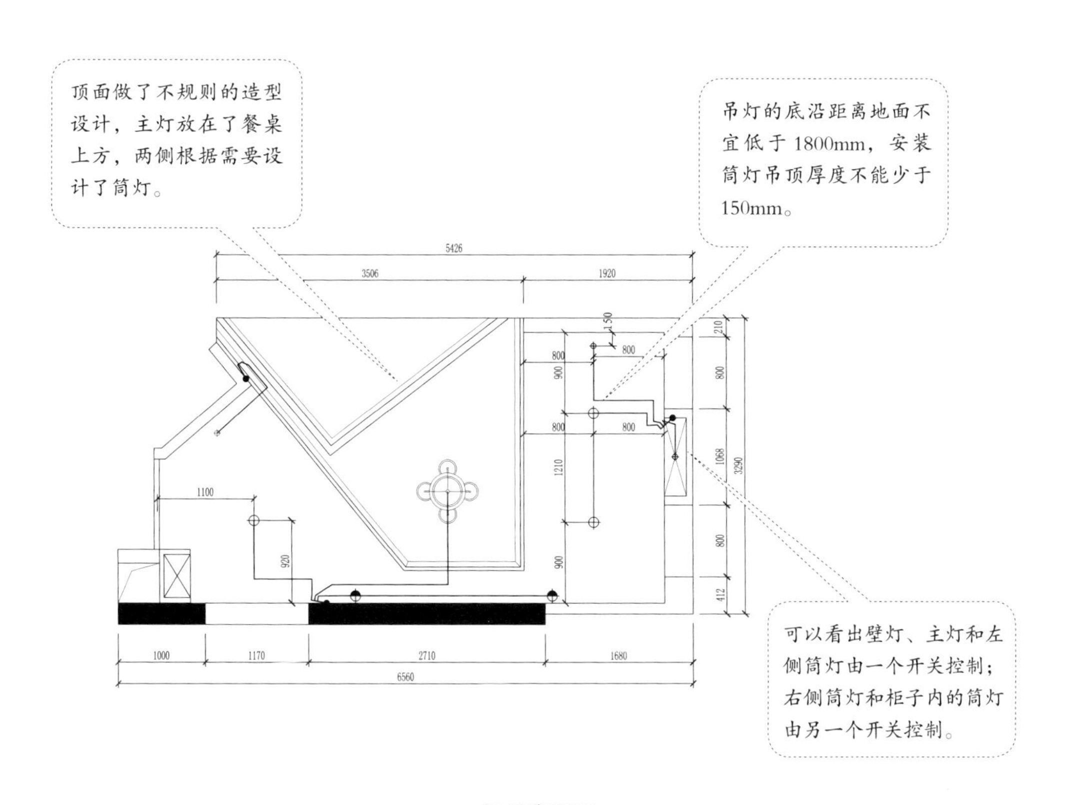

灯具布置图

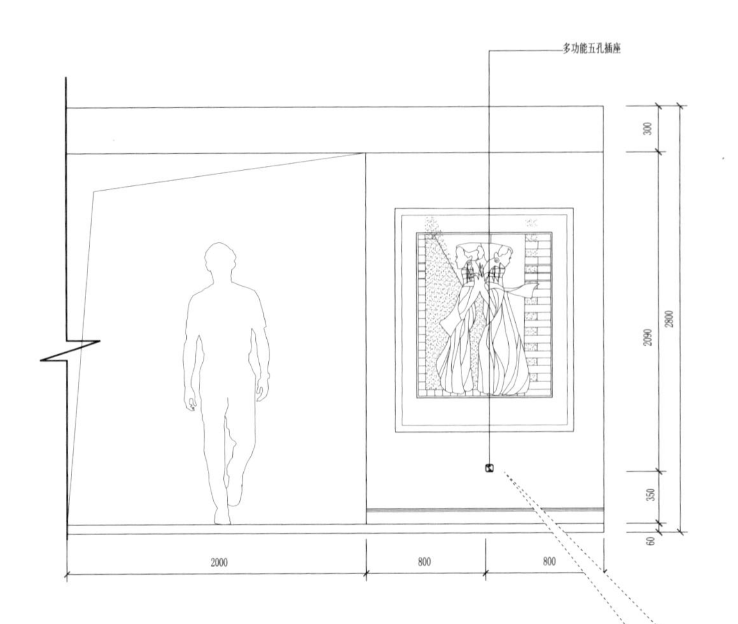

A 立面图

一个多功能五孔插座安装在侧面墙壁上，方便使用吸尘器等移动电器或者安装饮水机，高度为离地350mm。

此面墙有两扇门，因此并没有安装开关或插座，隔板上方隐藏了一个筒灯，属于特殊设计，需要提前预留出线口。

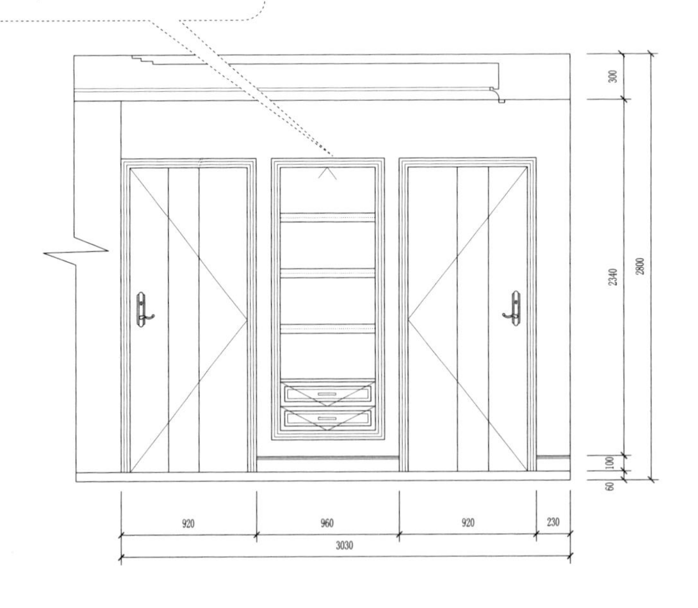

B 立面图

安装壁灯需要提前预留出线口，高度为离地 1500mm，两盏灯的安装高度应水平。

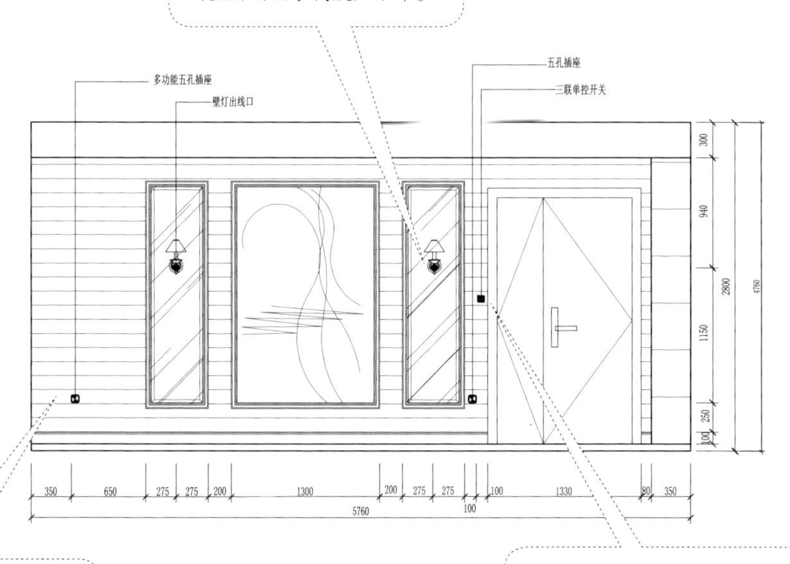

多功能五孔插座作为备用插座使用，用来插接特殊插头的移动电器，安装高度为离地 350mm。

C 立面图

开关安装在门边，高度为离地 1400mm；下方安装一个五孔插座备用，高度为离地 350mm，与左侧插座高度水平。

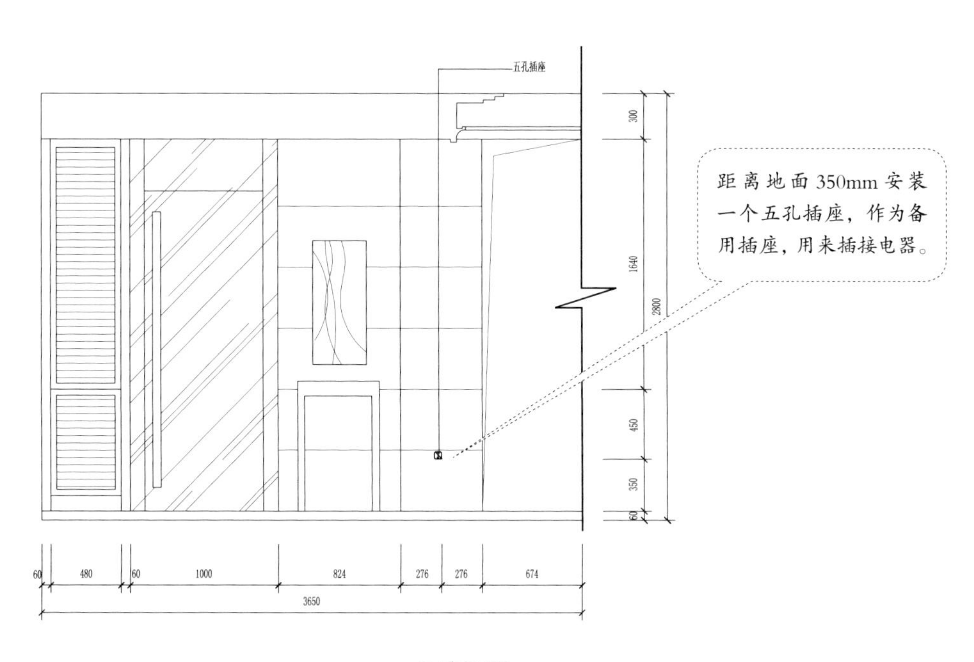

D 立面图

餐厅电路设计案例3—— 开敞式小餐厅

开敞式的小餐厅，灯具数量不用安装太多，主灯选择吊灯根据餐桌位置安排即可。由于墙面多有门洞，需要安排好插座和开关的位置。

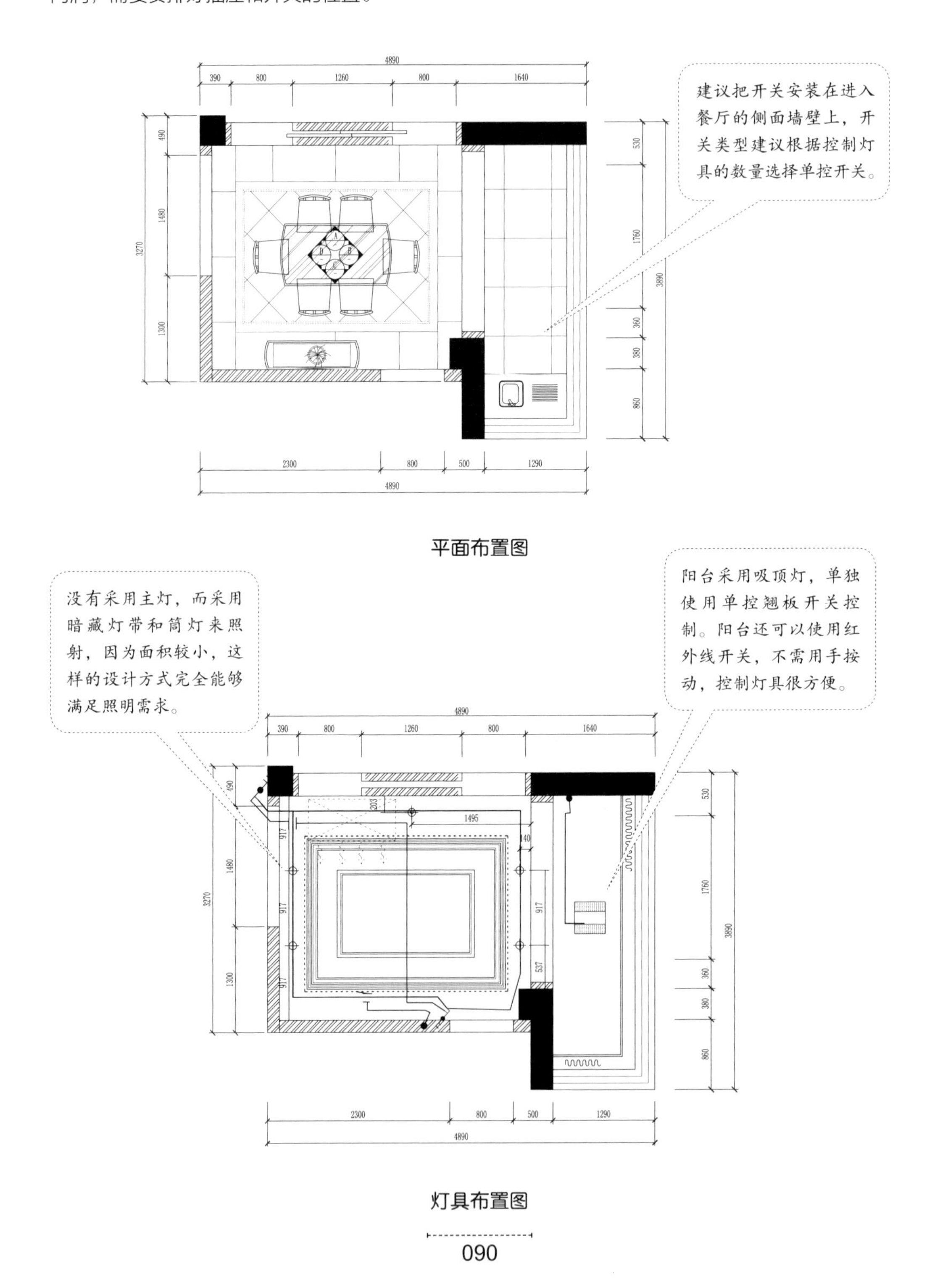

平面布置图

灯具布置图

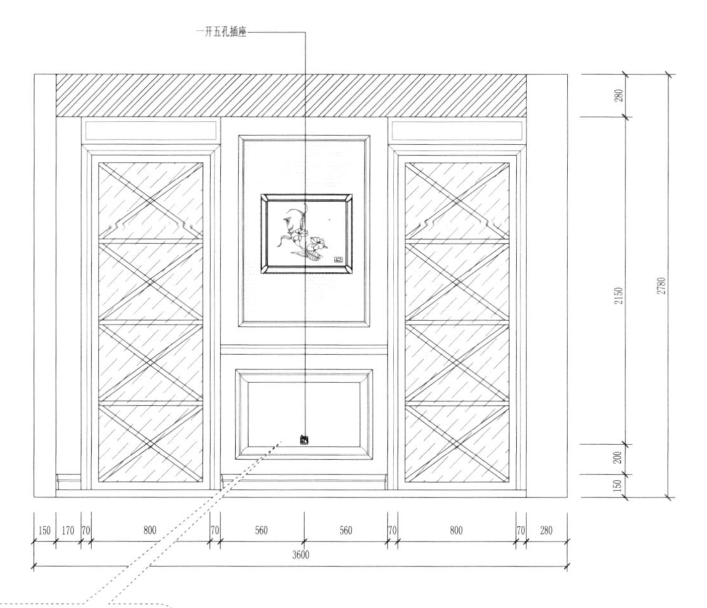

背景墙安装一个带开关的五孔插座，方便插接电器，高度为离地 350mm。

A 立面图

此墙面多数为敞开的部分，实体墙面宽度太小，因此没有做任何电路设计。如果遇到完全开敞式的户型，可以设计地面插座。

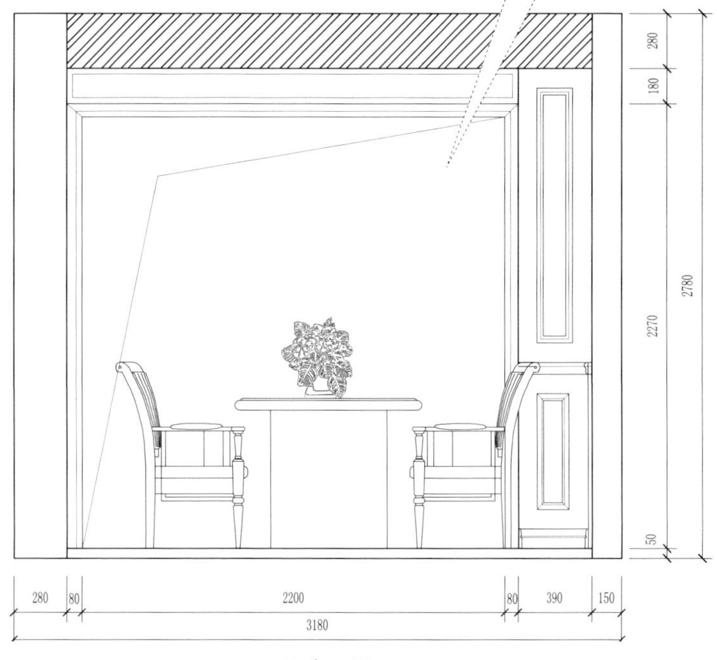

B 立面图

安装一个双联开关方便与另一个安装在其他位置的双联开关一起控制筒灯及主灯，单联单控开关单独控制灯带。安装位置为距离地面 1250mm，门开启方向的墙面位置上。

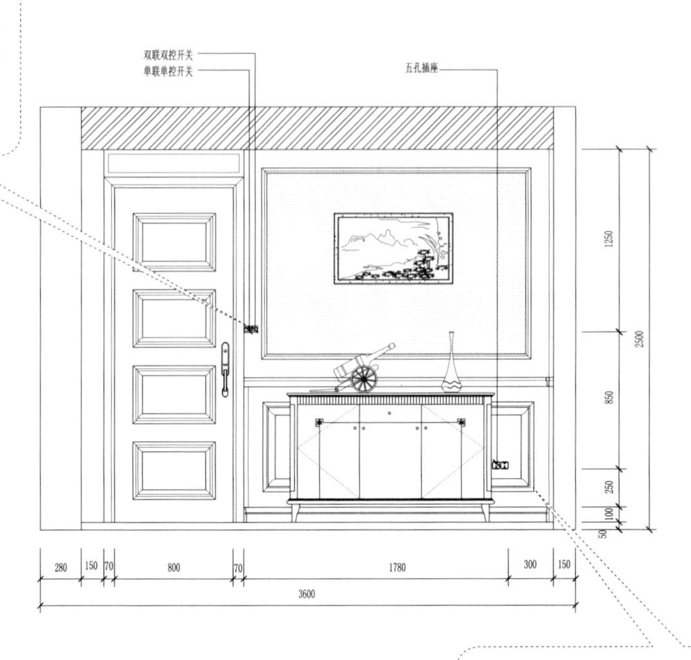

C 立面图

同一墙面安装两个五孔插座方便插接移动电器或灯具，有造型限制，所以调整安装高度为离地 400mm。

此面墙与 B 立面一样，都有大面积的开敞部分，不适合做电路设计。因此，开敞式的餐厅一定要将有限的墙面位置做好规划。

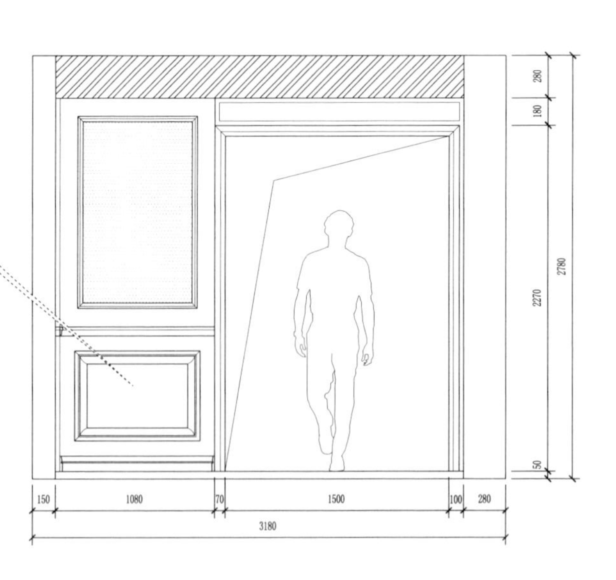

D 立面图

餐厅电路设计案例4—— 现代风格餐厅

现代风格的餐厅，紧邻厨房又使用推拉门，所以建议暖气设备安装在有窗的墙面上，开关和插座安装在主题墙上，可以多安装几个插座备用。

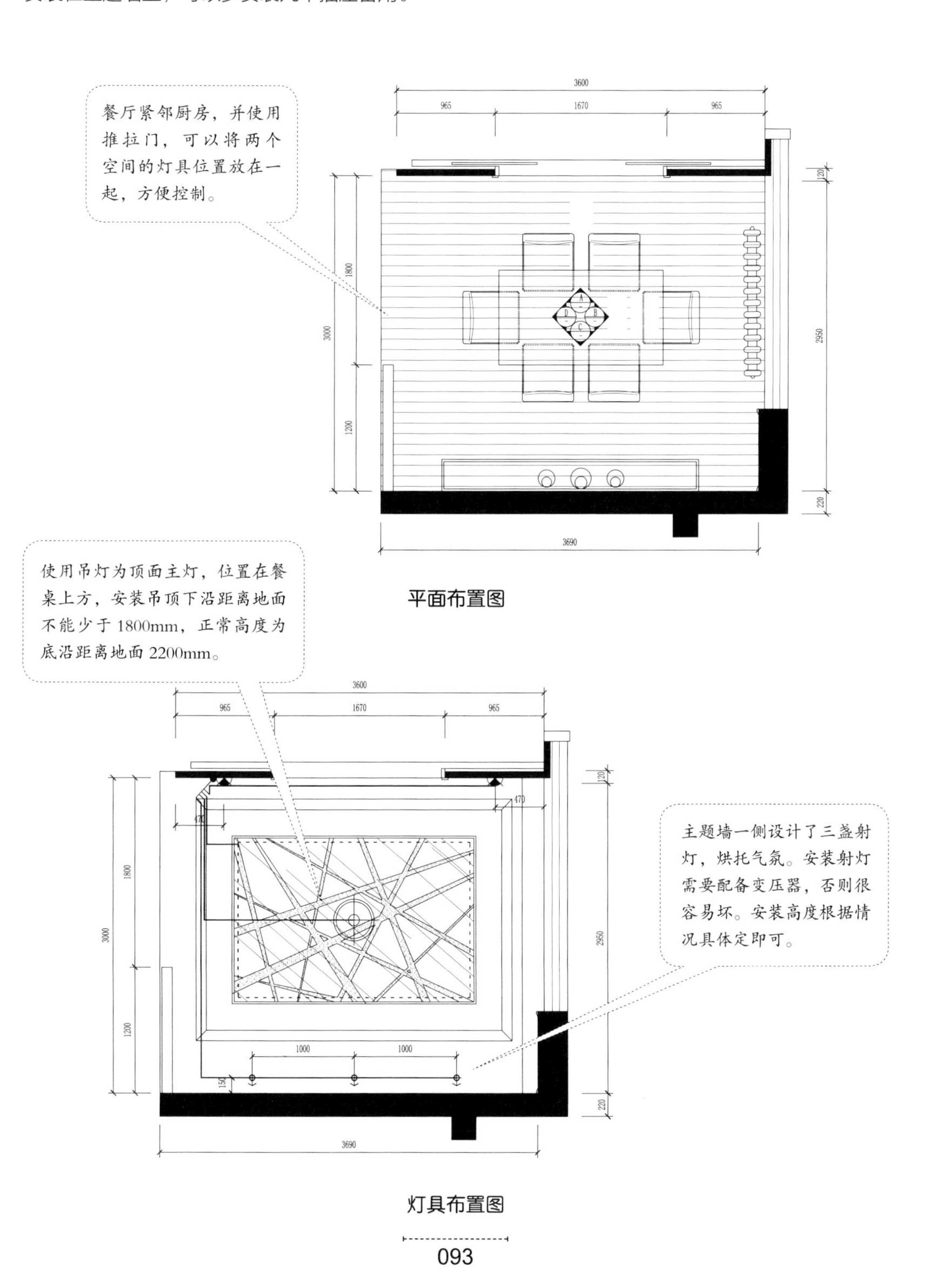

平面布置图

灯具布置图

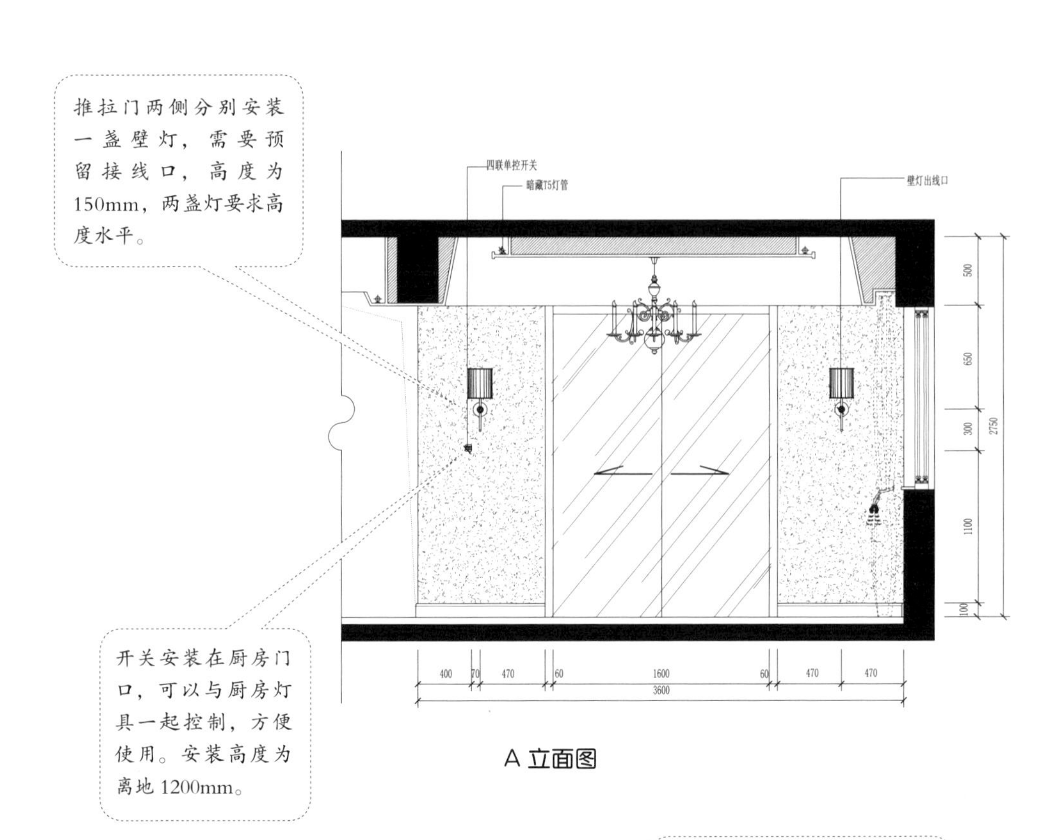
推拉门两侧分别安装一盏壁灯，需要预留接线口，高度为150mm，两盏灯要求高度水平。
四联单控开关
暗藏T5灯管
壁灯出线口
500
650
300
1100
100
2750
400
70
470
60
1600
60
470
470
3600
开关安装在厨房门口，可以与厨房灯具一起控制，方便使用。安装高度为离地1200mm。

A 立面图

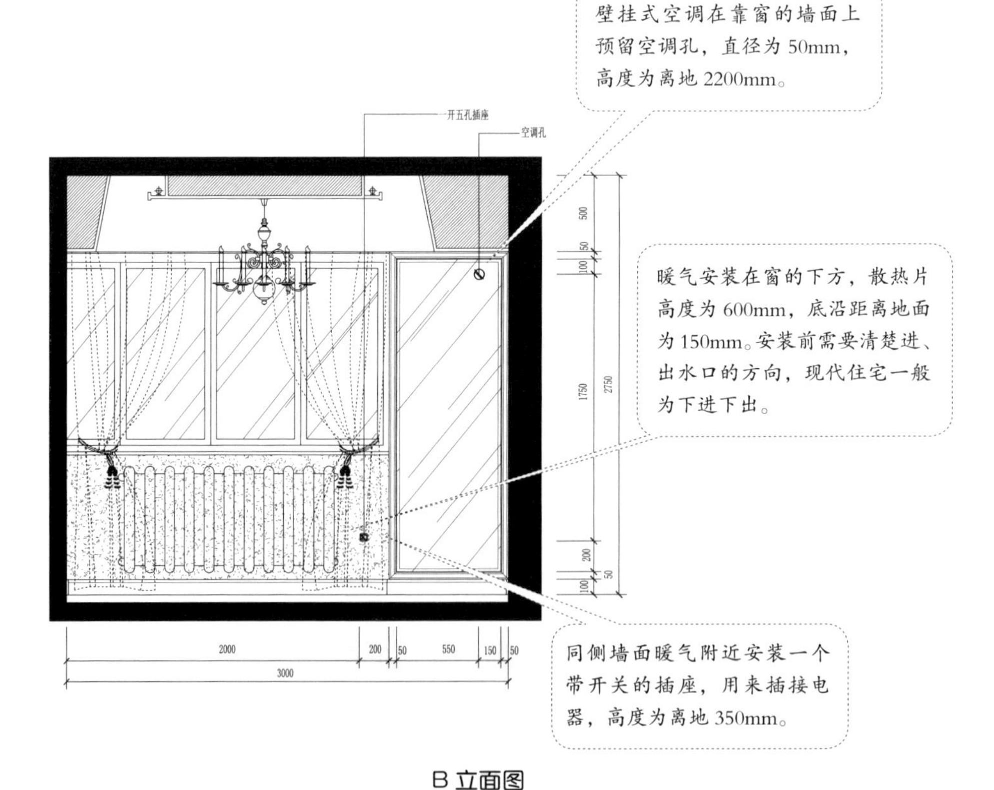
壁挂式空调在靠窗的墙面上预留空调孔，直径为50mm，高度为离地2200mm。
开五孔插座
空调孔
500
50
100
1750
2750
200
50
100
暖气安装在窗的下方，散热片高度为600mm，底沿距离地面为150mm。安装前需要清楚进、出水口的方向，现代住宅一般为下进下出。
2000
200
50
550
150
50
3000
同侧墙面暖气附近安装一个带开关的插座，用来插接电器，高度为离地350mm。

B 立面图

三孔空调插座安装在主题墙一侧，高度为离地1900mm。

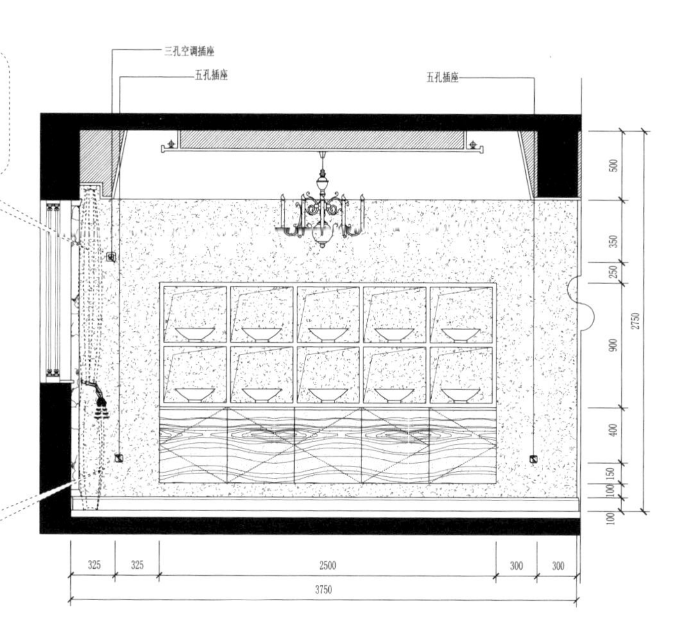

主题墙两侧分别安装一个五孔插座，作为备用插接电器或灯具，安装高度为离地350mm，两个插座高度需水平。

C 立面图

顶面除了吊灯外，还设计了暗藏灯，安装暗藏灯带需要在吊顶前就预留出线口，方便后期接线。

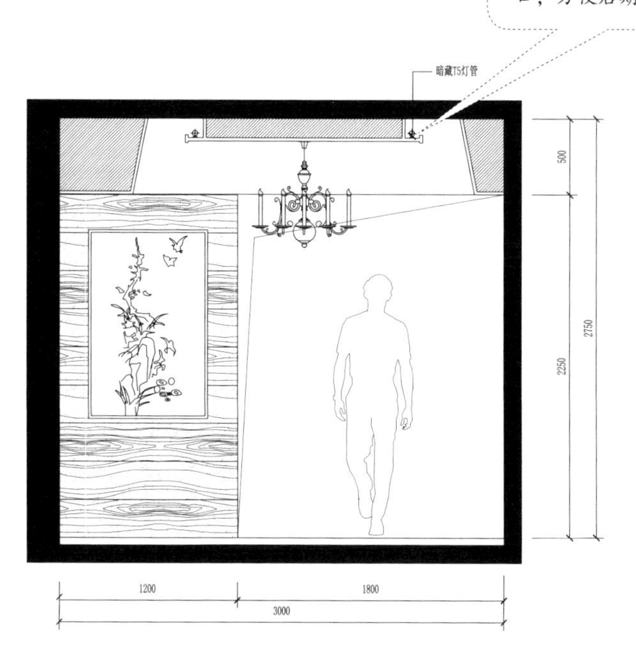

D 立面图

餐厅电路设计案例5—— 欧式风格餐厅

欧式风格的餐厅墙面和地面的设计会复杂一些，灯具、开关等也应选择与主题风格相符的造型和颜色。餐桌的位置位于中央，灯具也跟随餐桌安装在顶面中央即可，开关、插座位置根据需要分配。

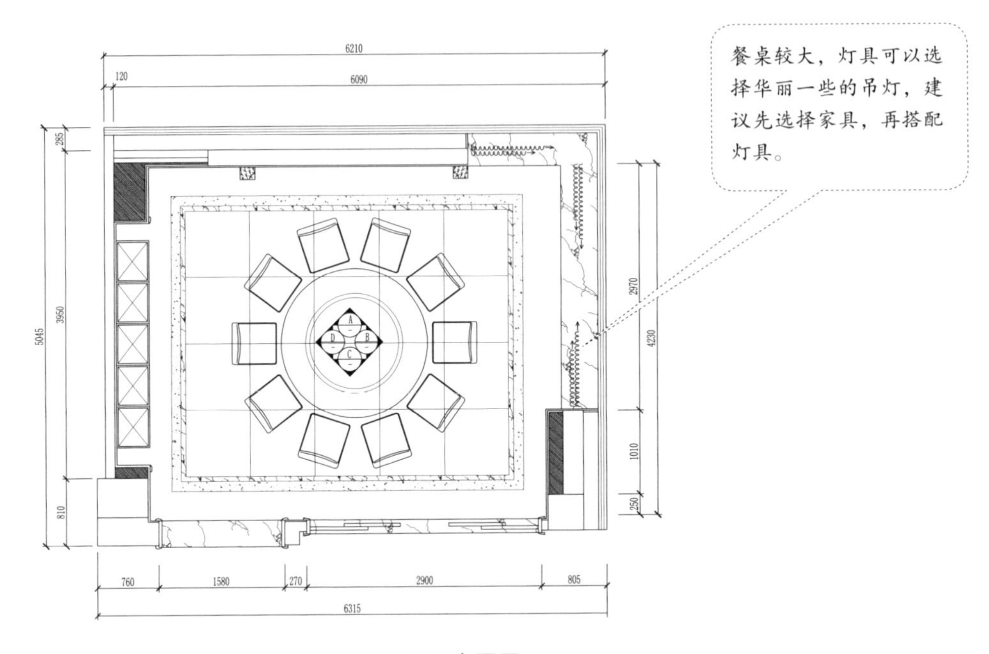

平面布置图

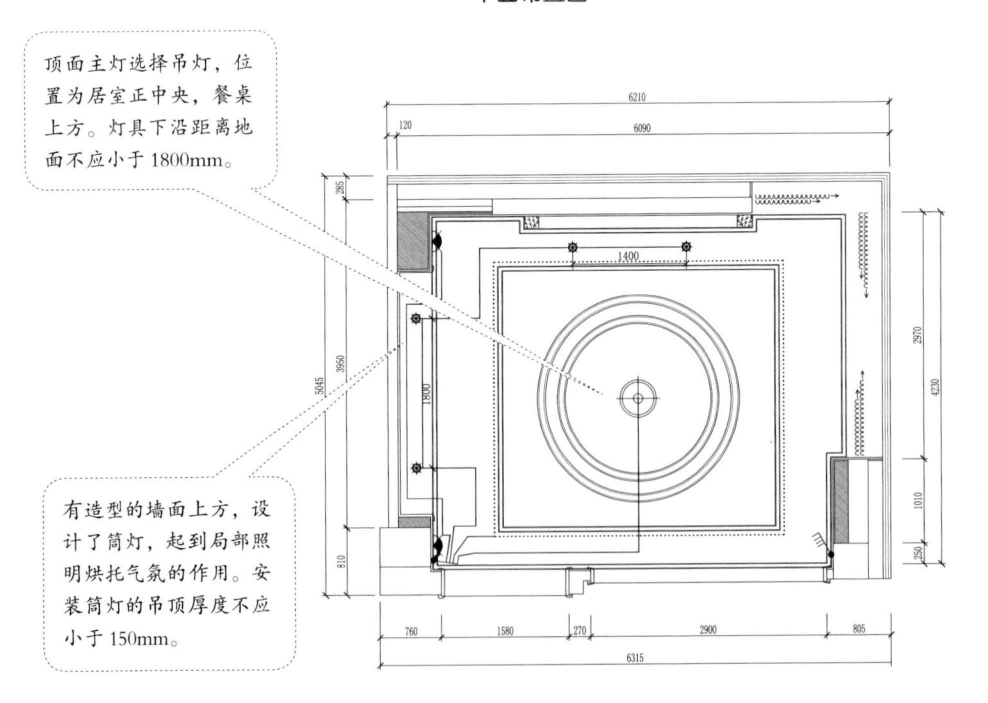

灯具布置图

顶部设计暗藏灯带需要提前预留接线口。

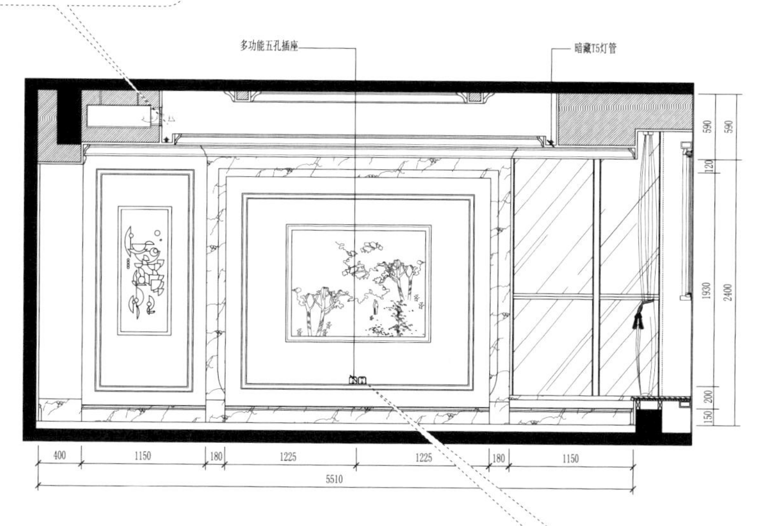

A 立面图

餐厅背景墙一侧安装两个多功能五孔插座，可以用来插接电器。多功能五孔插座可以插接国外的电器，安装高度为离地 350mm。

四面都设置暗藏灯带能够使光线的分布更均匀。

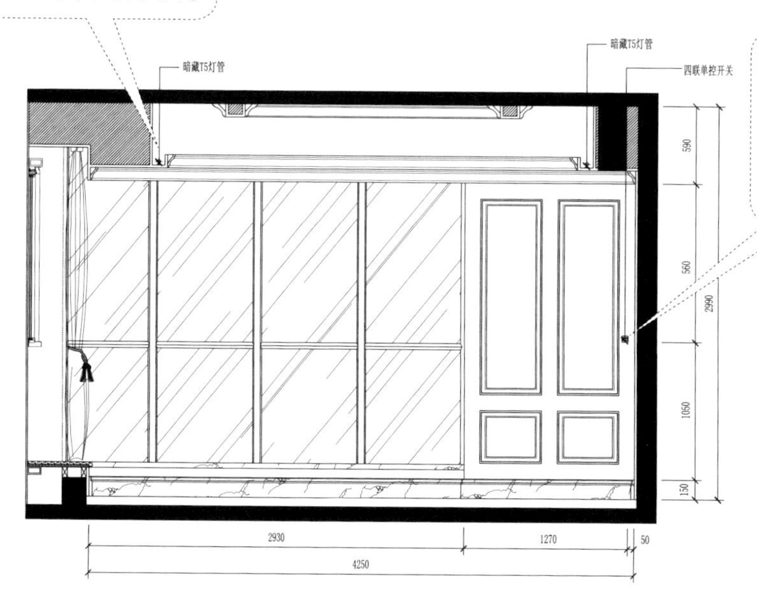

开关安装高度为离地 1200mm，四联单控开关位置与厨房推拉门靠近，用来控制厨房灯具。

B 立面图

此面墙临近厨房，使用了大面积的推拉门，剩余部分为通道，所以没有做开关、插座设计。

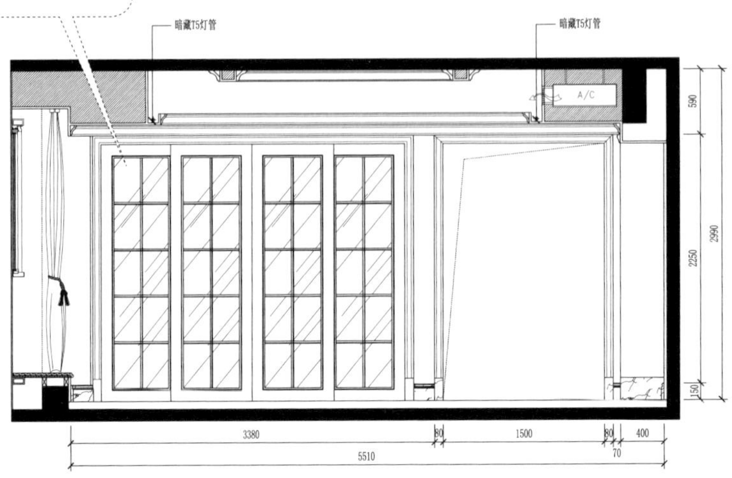

C 立面图

开关安装高度为离地1200mm，选择三联的形式，可以在同一位置完成餐厅内所有灯具的控制。

墙面安装壁灯，需要提前预留出线口，高度为离地1600mm，左右位置对称，水平高度应一致。

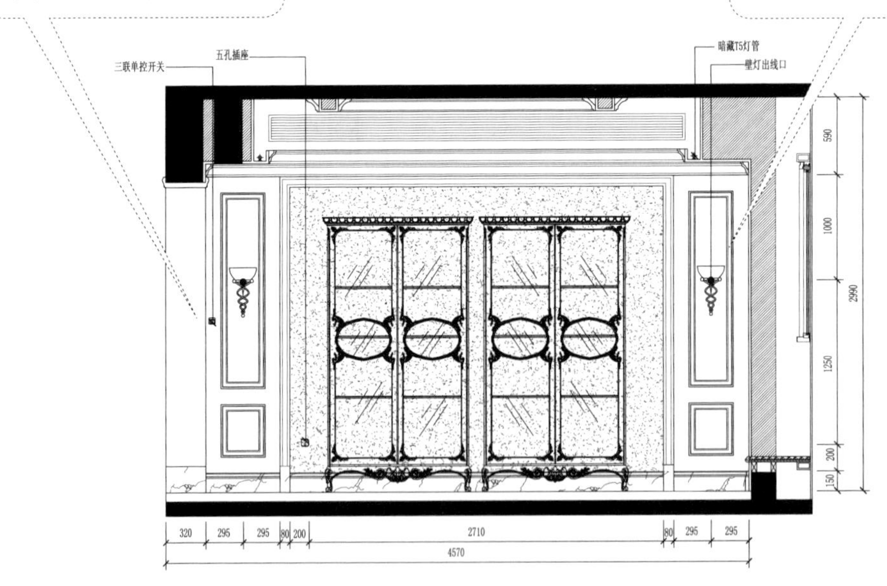

D 立面图

4.3 卧室电路设计

电路安装位置及要求

1. 照明

开关：安装高度为距离地面1300～1400mm。

顶灯：主灯为吊灯或吸顶灯，如果面积小也可以不使用主灯。吊灯的适宜高度为灯的底沿距离地面2200mm，如有特殊情况最低不能少于1800mm。吸顶灯根据顶面高度制定。

壁灯：适宜安装位置为床的左右两侧，安装高度为距离地面1800mm以上。

筒灯：安装筒灯吊顶底边距离原建筑顶面需预留不少于150mm的高度，数量根据面积制定，如果卧室面积小且有吊顶，可以将筒灯作为主光源使用。

射灯：通常安装在墙面上做局部照明使用，位置根据需要烘托的主体而具体制定。

落地灯：如果有卧榻或者休闲椅，可将落地灯放置在附近 ，落地灯灯罩下沿距离地面高度不应小于1800mm。

台灯：通常放置在床的两侧。

暗藏灯：根据造型设计，可以安装在顶面上，也可以安装在墙面上，墙面上建议使用灯管。

2. 强电

插座：安装高度距离地面300～350mm。

空调：壁挂空调插座高度为距离地面1800mm。

3. 弱电

电视插口：根据壁挂电视的底座位置制定插座的高度，通常安装在电视底座下沿上方高100mm处的位置。

网络和电话插口：建议安装在床头两侧，与床头开关平齐。

暖气安装位置及要求

暖气：暖气片的底沿距离地面200mm是最佳的安装高度，散热片高度选择1500～1800mm的为佳。

空调孔位置及要求

空调孔：空调孔不宜过大，餐厅多为挂式空调，开孔直径为50mm，高度距离地面2200mm左右；空调孔应在刷墙漆之前打好。

卧室电路设计案例1—— 欧式风格卧室

欧式风格的卧室通常会装有壁灯，在进行线路定位时，应先确定是否安装壁灯。开关、插座的面板颜色和款式建议与风格搭配起来，会让效果更协调。

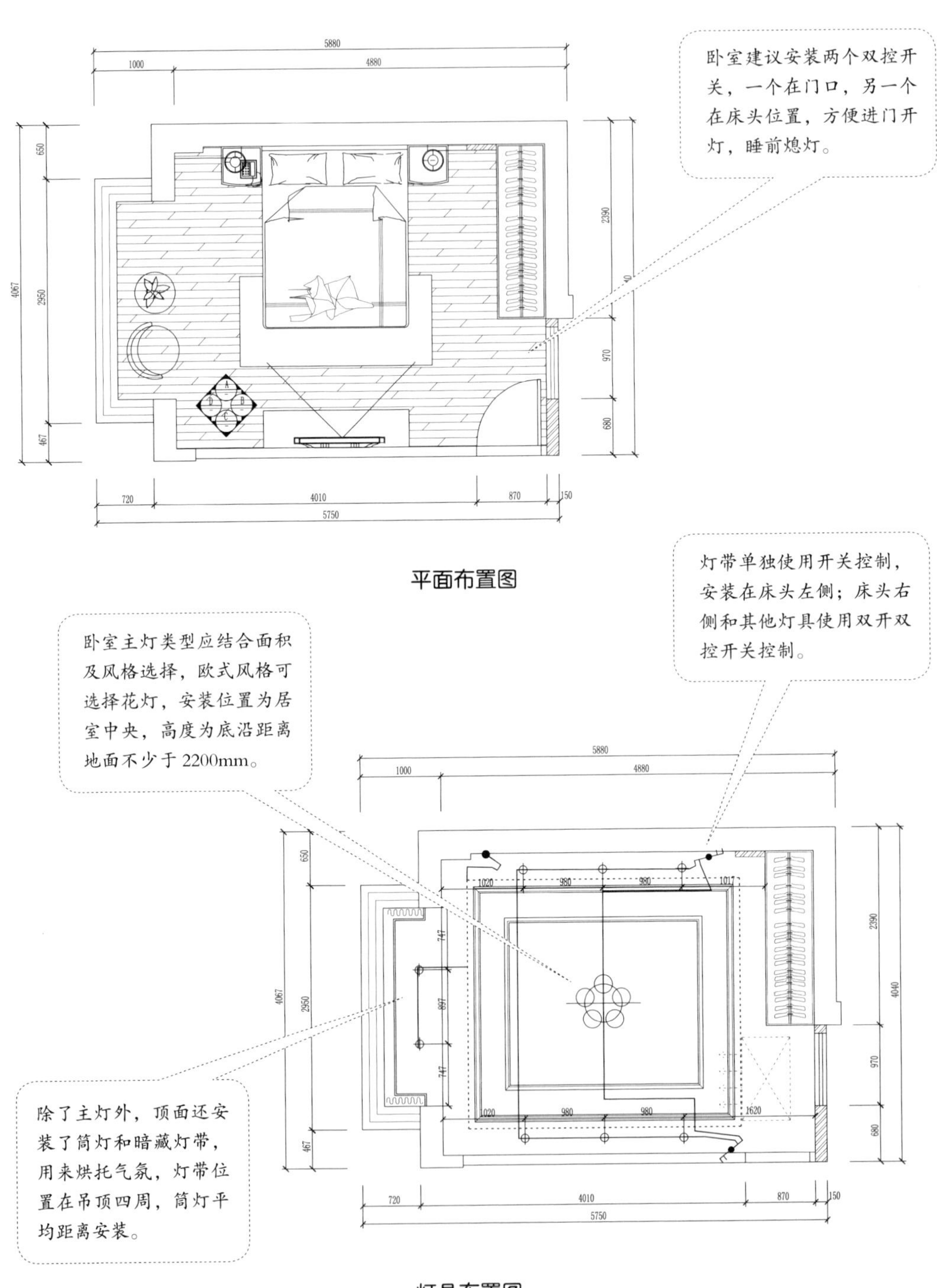

平面布置图

灯具布置图

顶面除了吊灯外，还设计了暗藏灯，安装暗藏灯带需要在吊顶前就预留出线口，方便后期接线。

床头左上方安装三孔空调插座，高度距离地面 1950mm。

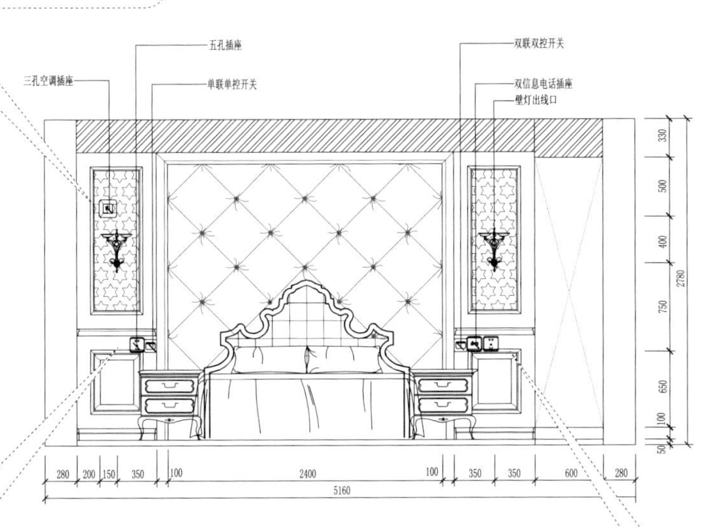

A 立面图

床头左侧安装单控开关控制灯带，同时安装五孔插座，方便插接电器，安装高度为离地 800mm。这里的插座可以选带有 USB 接口的。

床头右侧同样安装一个五孔插座、信息插座和一个双控开关与门口的开关共同控制顶灯。安装高度与左侧平齐。

由于其他墙面的安装数量已足够，柜子一侧的墙面没有做任何电路设计。

B 立面图

双控开关安装在门开启的方向，安装高度为距离地面 1200mm，与床头双控一起控制灯具。

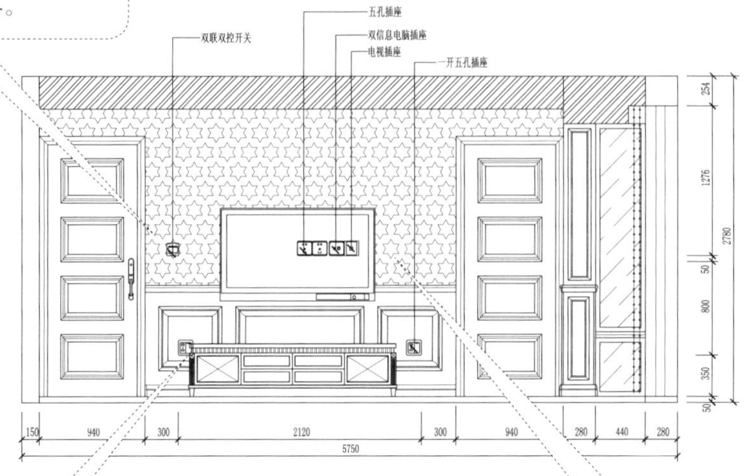

C 立面图

电视柜两侧各安装一个带开关的五孔插座，可以用来插接电扇、吸尘器、除湿机等电器。安装高度为离地 350mm。

壁挂电视后方安装电视机插座及信息插座，安装高度为离地 1200mm，与门口开关平齐。

空调层面墙需要设置空调孔，壁挂空调孔直径为 50mm，高度为离地 2000mm。

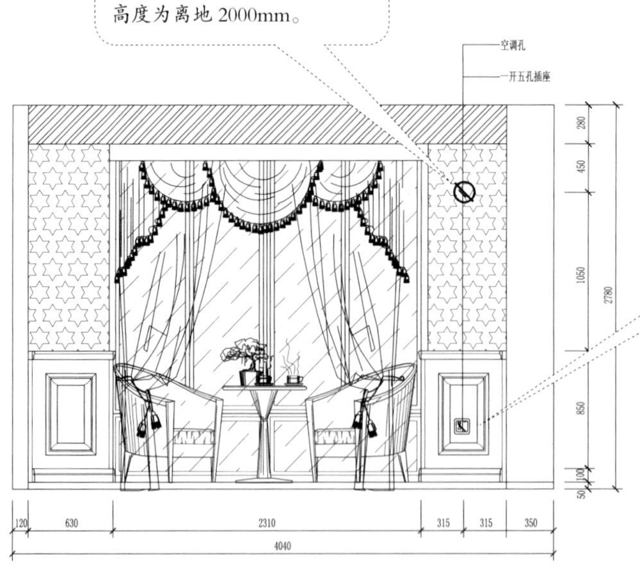

床头侧面墙安装一个带开关的五孔插座，方便使用季节性电器或家装落地灯，安装高度为离地 350mm。

D 立面图

卧室电路设计案例2—— 现代风格卧室

现代风格的卧室设计通常比较时尚，在选择开关、插座的款式时可以与风格的色彩相互搭配，也可以使用一些突出的颜色，例如香槟色、黑色、银色、金色等，彰显现代感。

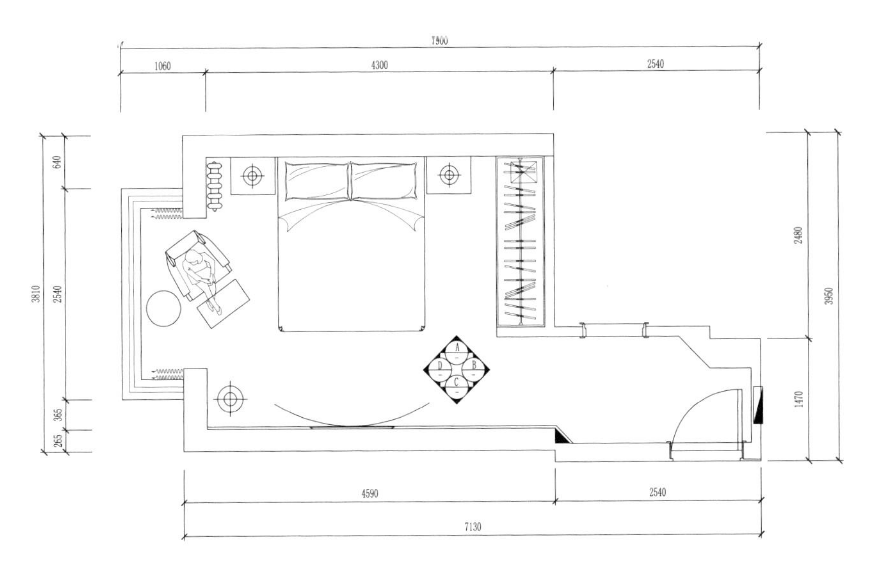

平面布置图

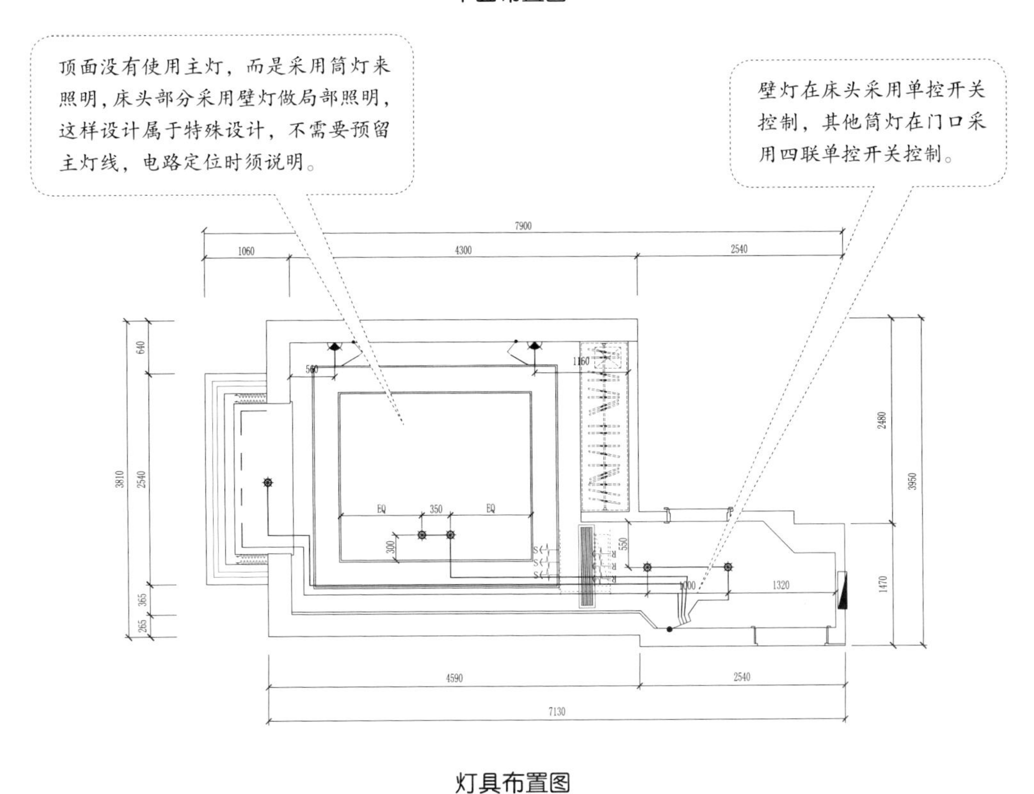

灯具布置图

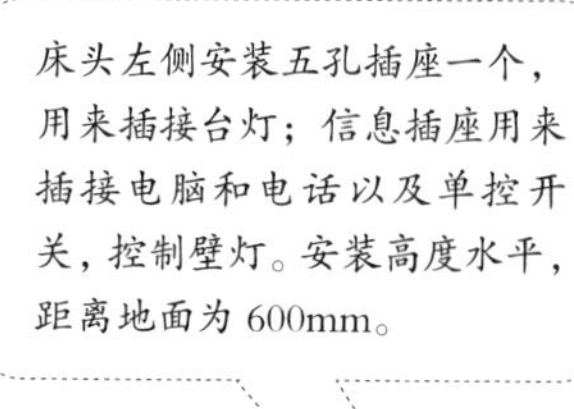
床头左侧安装五孔插座一个，用来插接台灯；信息插座用来插接电脑和电话以及单控开关，控制壁灯。安装高度水平，距离地面为600mm。

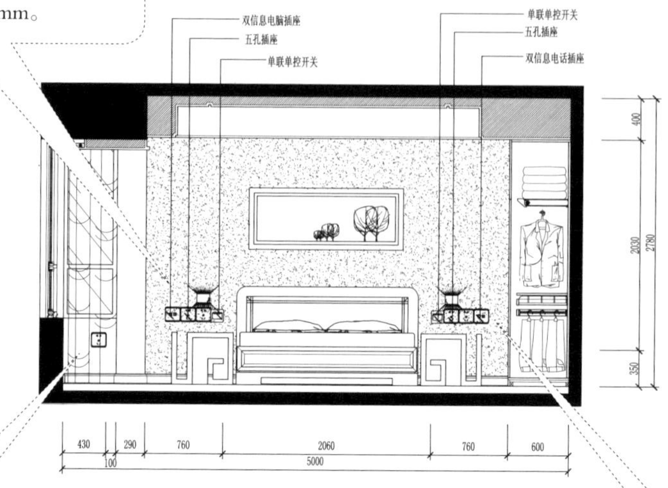

阳台墙壁安装一个五孔插座作为备用，高度为离地350mm。

A 立面图

床头右侧与左侧安排了一样的设置，方便两人同时使用。

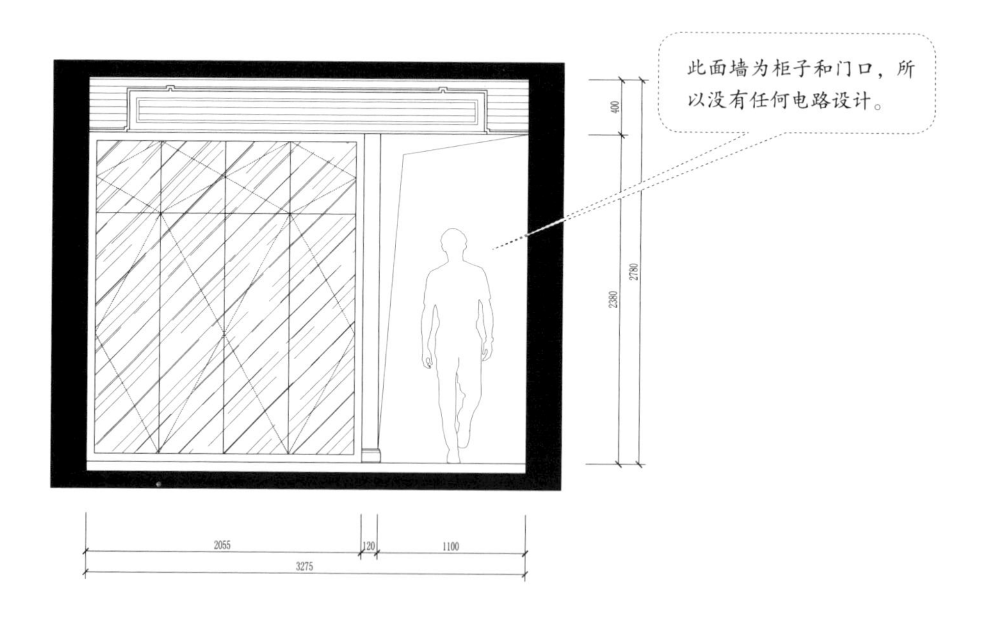

B 立面图

门开启方向的墙面上使用四联单控开关控制顶部灯具，安装高度为离地1200mm。

壁挂电视后方安装电视插座以及信息插座，高度与门口开关水平。

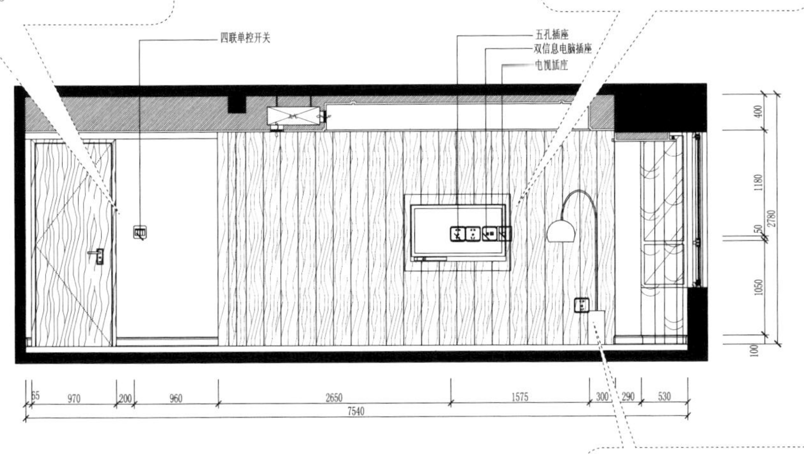

C 立面图

墙面右下方安装一个五孔插座，用来插接电器，安装高度为离地 350mm。

散热片安装在靠窗墙面的右侧，有利于空气对流，底沿距离地面为 200mm，散热片高度为 2000mm。

靠窗的墙面左侧安装一个带开关的五孔插座，用来插接落地灯，安装高度为离地 350mm。

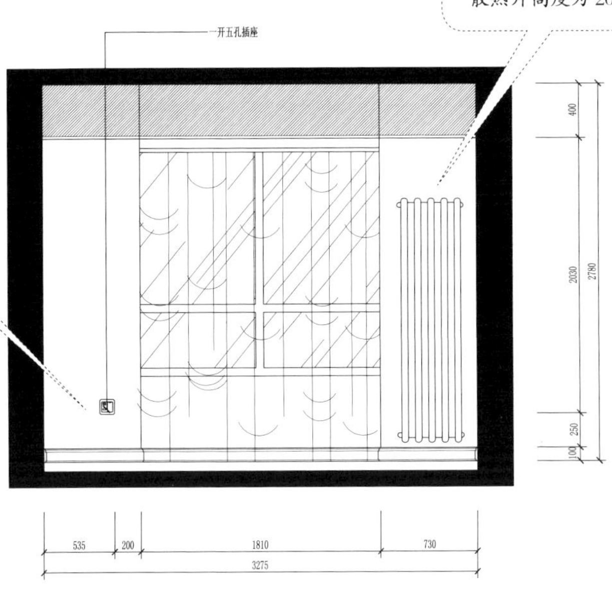

D 立面图

卧室电路设计案例3—— 圆弧不规则卧室

本案户型不规则带有弧形，因此在安装顶部主灯时要找好方位，有一部分为规整的方形部分，主灯就安装在了此部分的中央位置上。

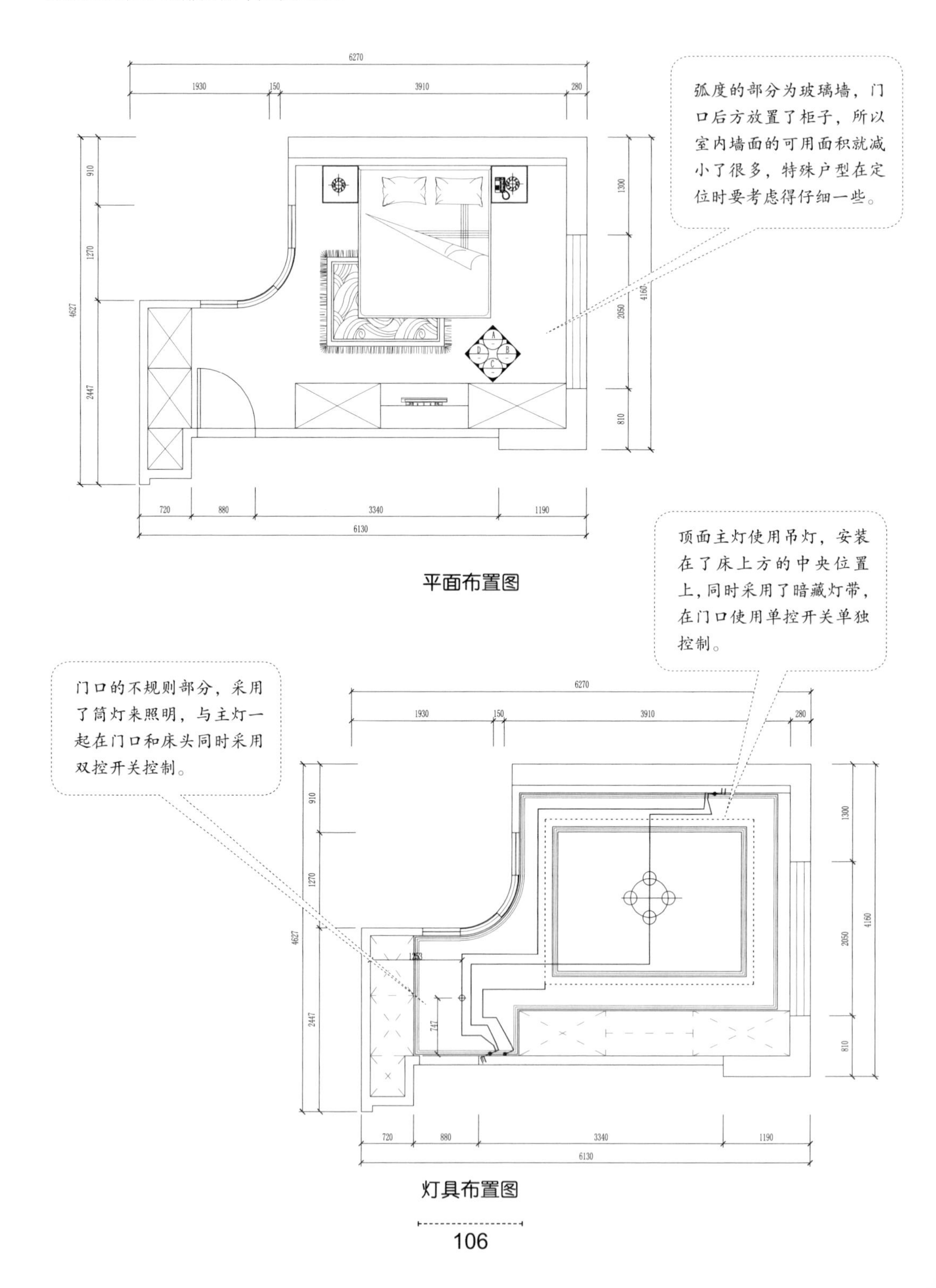

灯具布置图

床头左侧安装一个五孔插座和信息插座，用来插接台灯和电脑等，安装高度为离地600mm。

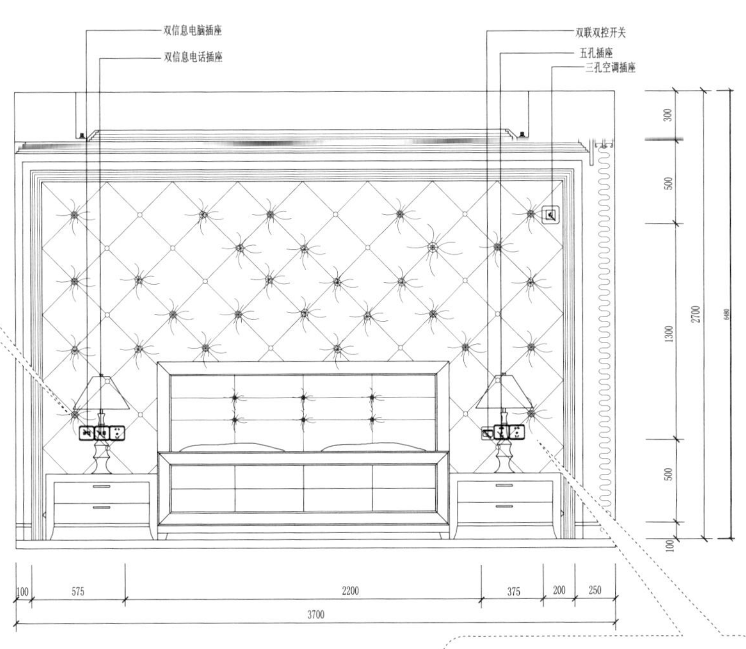

A 立面图

床头右侧安装了一个五孔插座、信息插座与左侧作用相同。一个双控开关用来控制灯具，高度与右侧水平。上方安装一个空调插座用来插接空调。高度为离地1900mm。

靠窗墙面设置壁挂空调孔，直径为50mm，高度为离地2100mm。墙面中间位置安装一个多功能五孔插座，用来插接电器，高度为离地350mm。

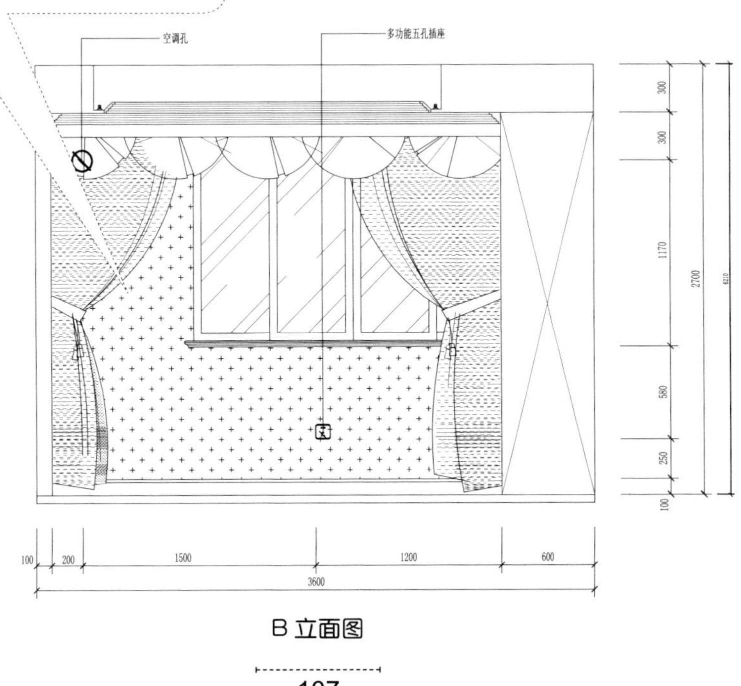

B 立面图

壁挂电视后方安装电视插座以及信息插座，高度与门口开关水平。

门开启方向的墙面上使用单联单控开关控制暗藏灯带、双联双控开关控制其他灯具，安装高度为离地 1200mm。

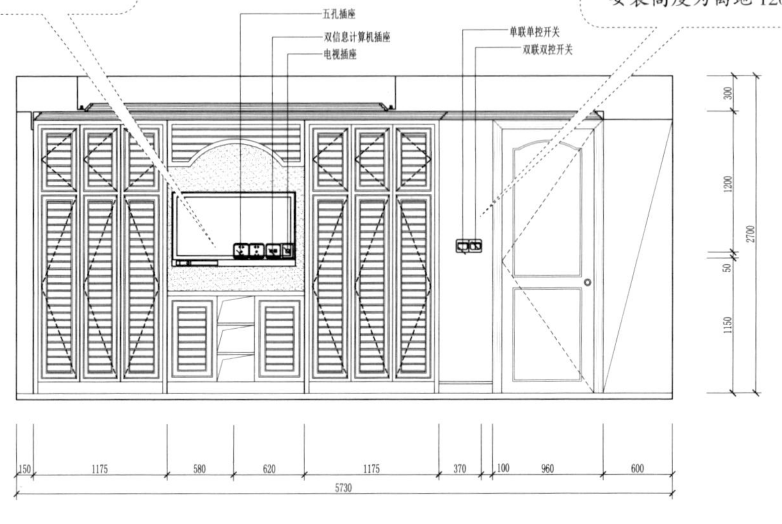

C 立面图

此面墙为柜子和拉门，没有剩余空间，所以没有做电路设计。

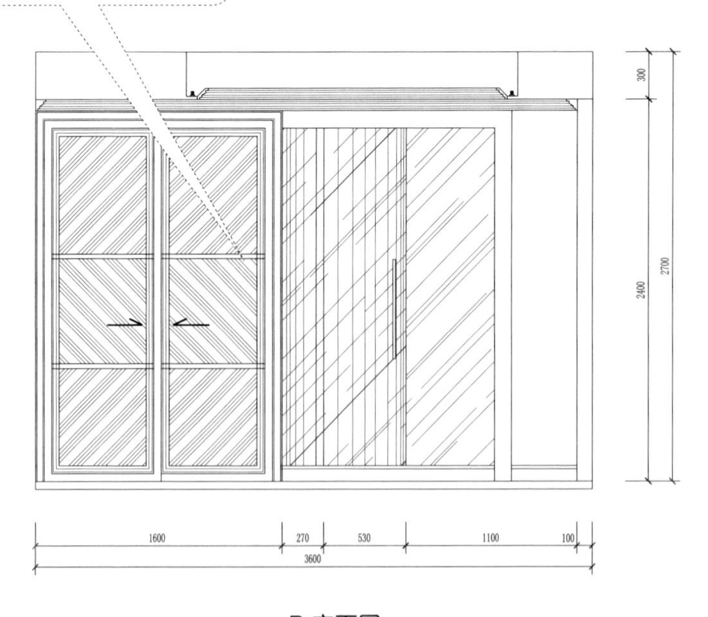

D 立面图

卧室电路设计案例4—— 飘窗小卧室

卧室面积比较小，在进行电路定位时，先要确定家具的摆放形式，而后在剩余的墙面上做电路定位，需要安排得尽量紧凑一些，小空间不建议使用太多类型的灯具。

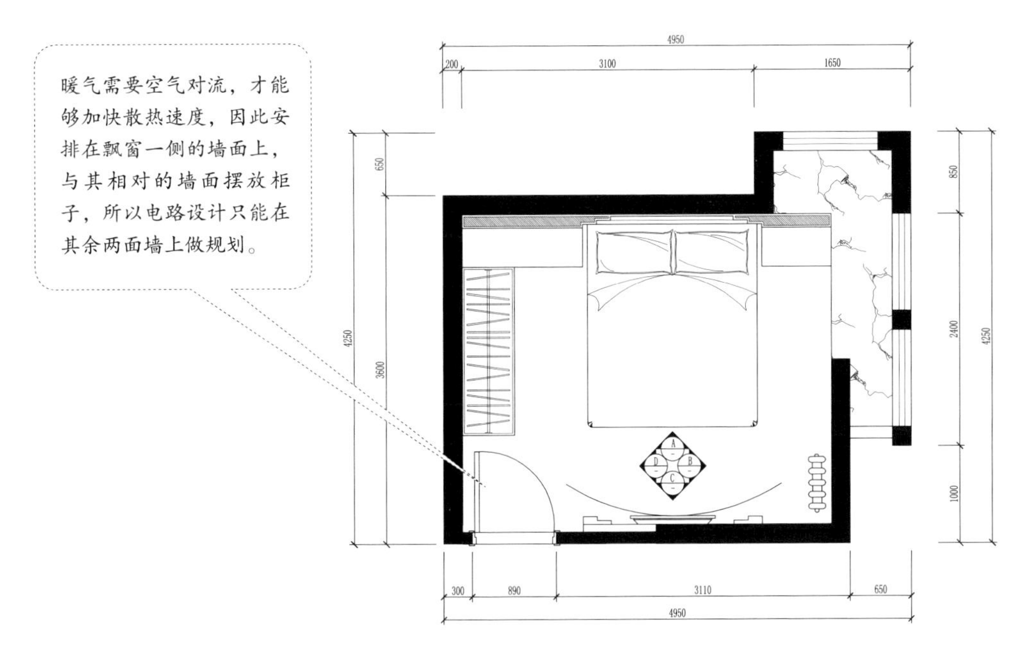

平面布置图

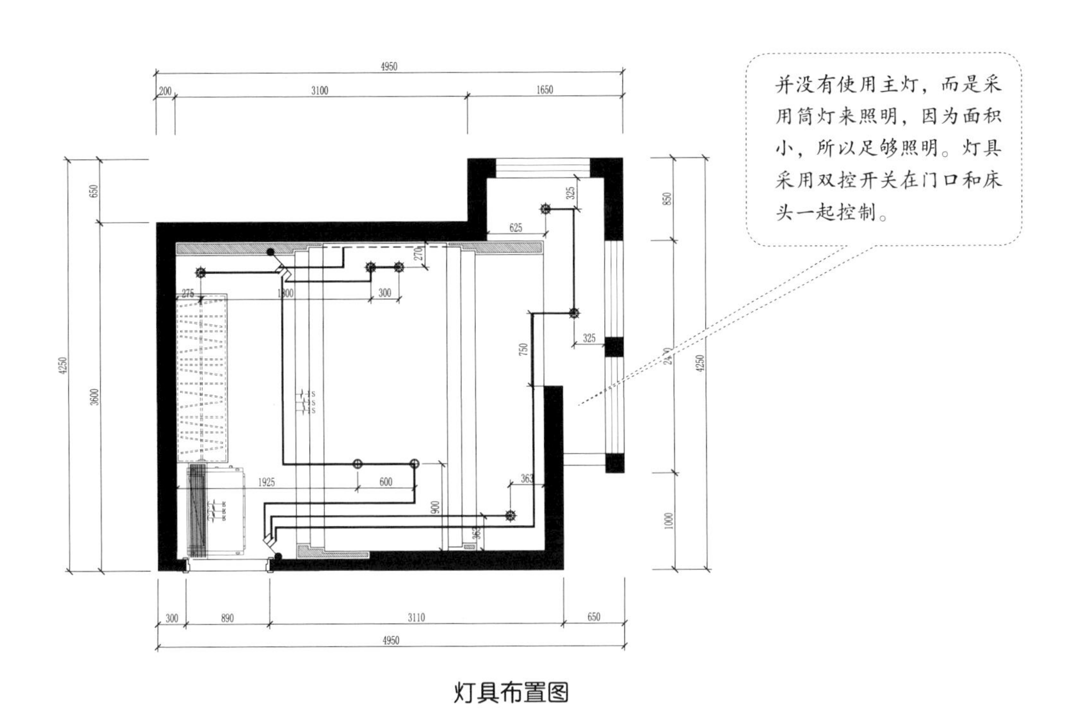

灯具布置图

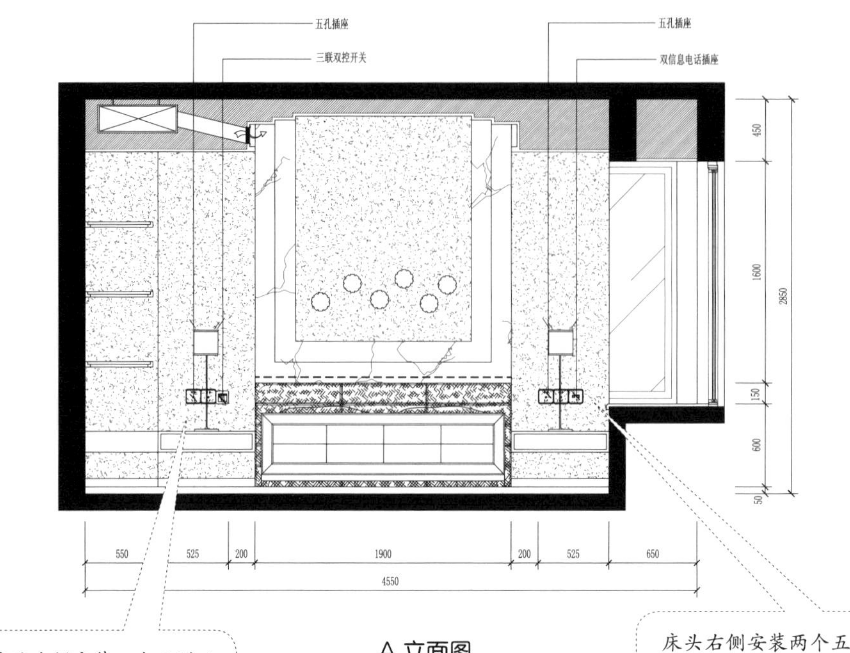

床头左侧安装一个三联双控开关，与门口的双控开关一起控制室内灯具。两个五孔插座用来插接台灯和电器，高度与右侧水平。

A 立面图

床头右侧安装两个五孔插座用来插接台灯和电器，以及一个双信息插座，插接计算机等设备，安装高度为离地 750mm。

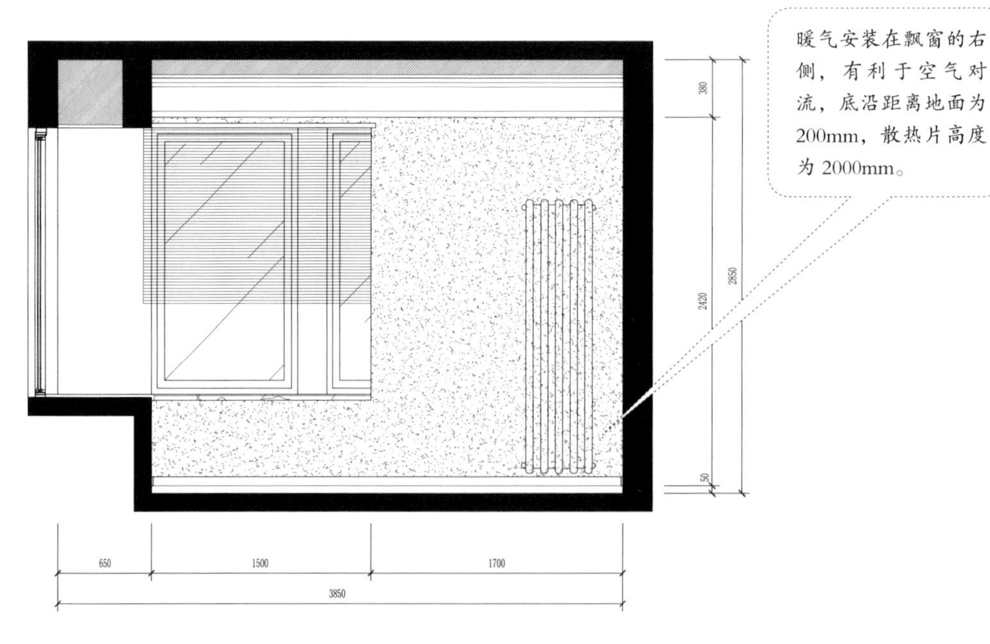

暖气安装在飘窗的右侧，有利于空气对流，底沿距离地面为 200mm，散热片高度为 2000mm。

B 立面图

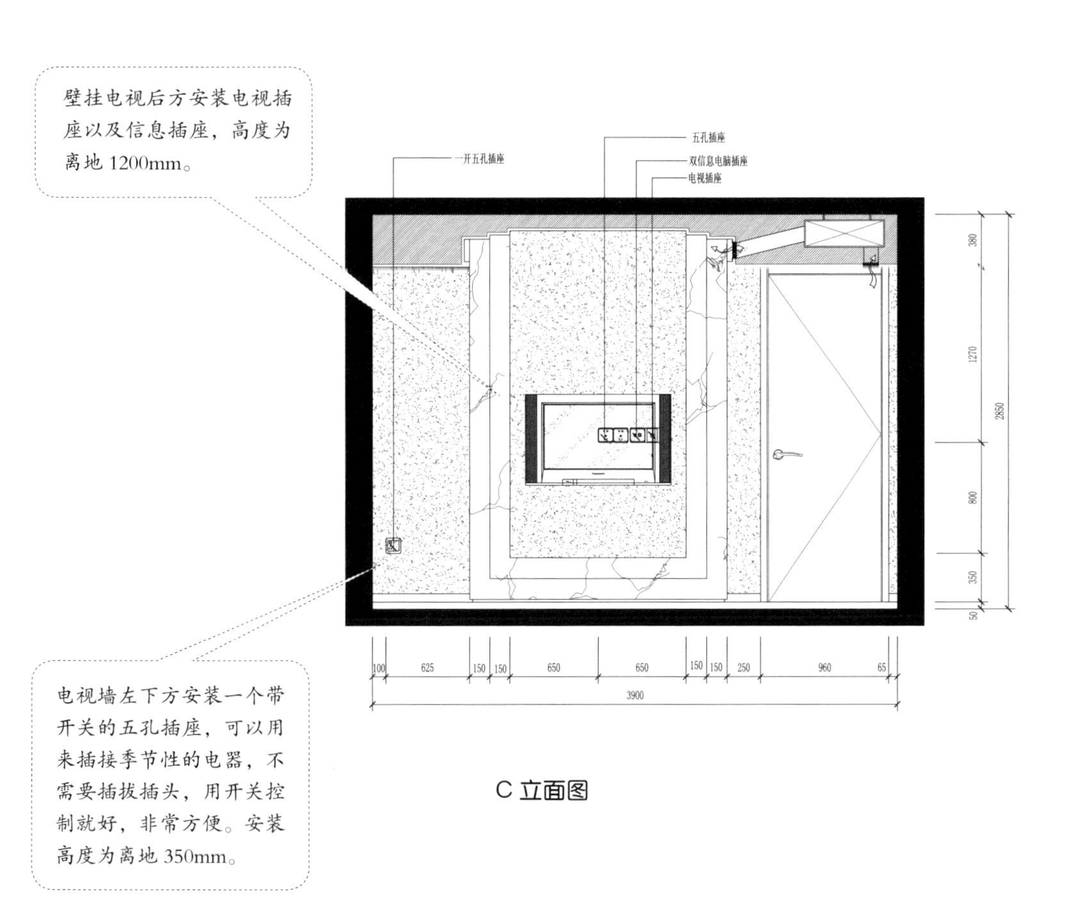
壁挂电视后方安装电视插座以及信息插座，高度为离地 1200mm。
一开五孔插座
五孔插座
双信息电脑插座
电视插座
380
1270
800
350
50
2850
100
625
150
150
650
650
150
150
250
960
65
3900
电视墙左下方安装一个带开关的五孔插座，可以用来插接季节性的电器，不需要插拔插头，用开关控制就好，非常方便。安装高度为离地 350mm。

C 立面图

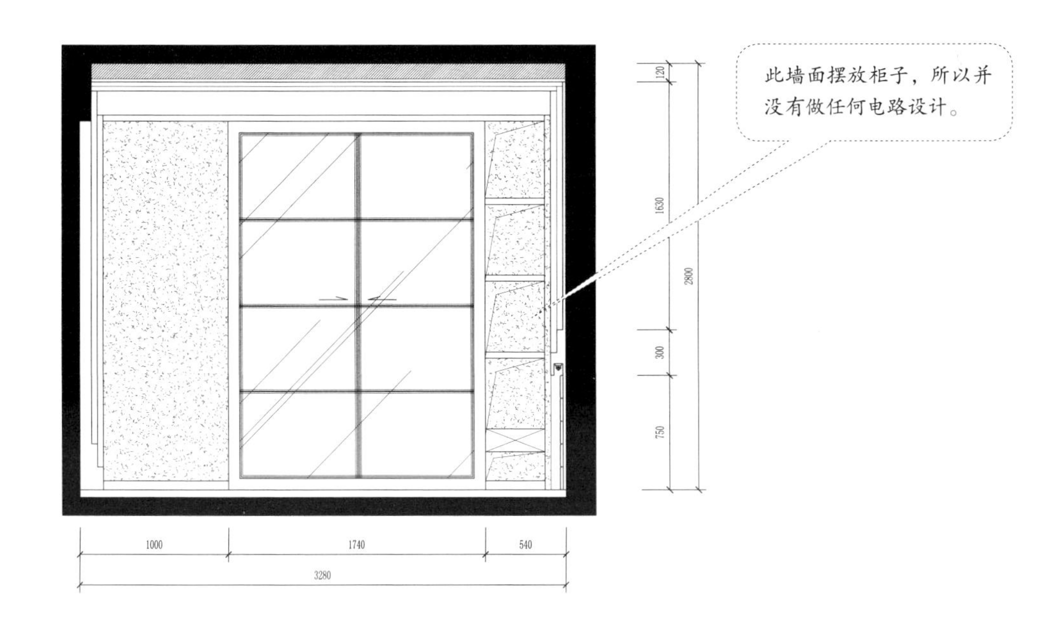
此墙面摆放柜子，所以并没有做任何电路设计。
120
1630
300
750
2800
1000
1740
540
3280

D 立面图

卧室电路设计案例5—— 宽敞的卧室

宽敞的卧室使用的灯具类型会多一些，要安排好开关的位置及控制的数量。可以多预留一些插座，作为备用，插座形式可以多样化一些，如多功能的五孔插座或者带开关的插座。

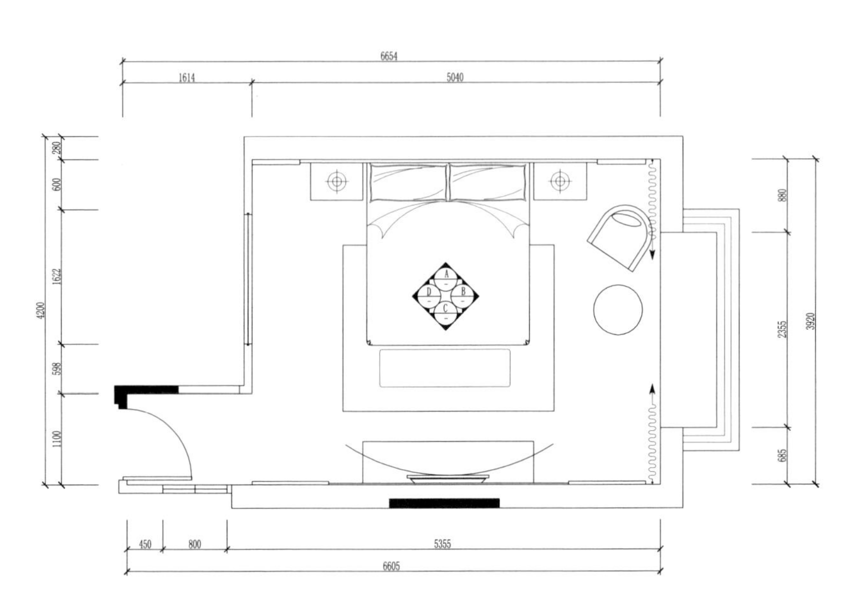

平面布置图

开关放在了门口和床头，部分灯具使用双控，部分使用单控。因为有中央空调，所以设计灯具时要避开出风口的位置。

灯具种类和数量很多，主灯采用了花灯，床头和电视墙上方使用了射灯，其余部分平均分配了筒灯，顶部还设计了暗藏灯。

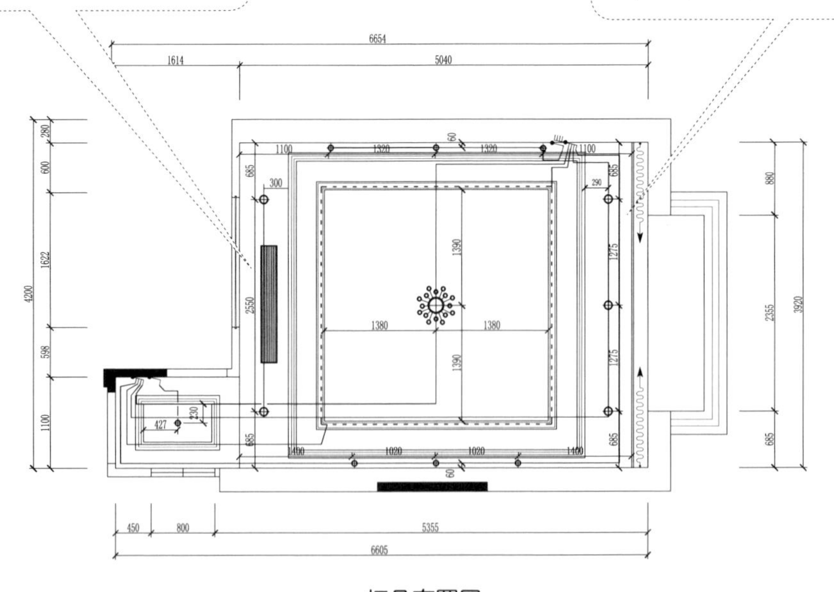

灯具布置图

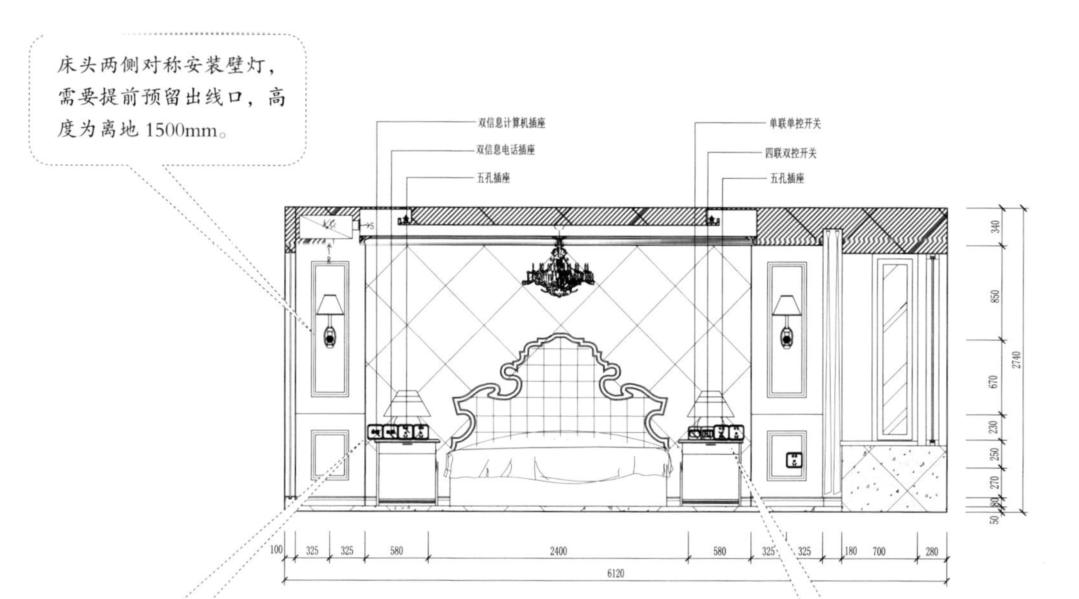

A 立面图

床头左侧安装两个五孔插座用来插接台灯和电器，以及一两个双信息插座，插接计算机等设备，安装高度为离地 650mm。

床头右侧安装一个四联双控开关，与门口的双控一起控制主灯和左右两侧的筒灯。两个五孔插座用来插接台灯和电器，高度与左侧水平。

窗下方墙面安装一个多功能五孔插座，用来插接移动电器或季节性电器，高度为离地 350mm。

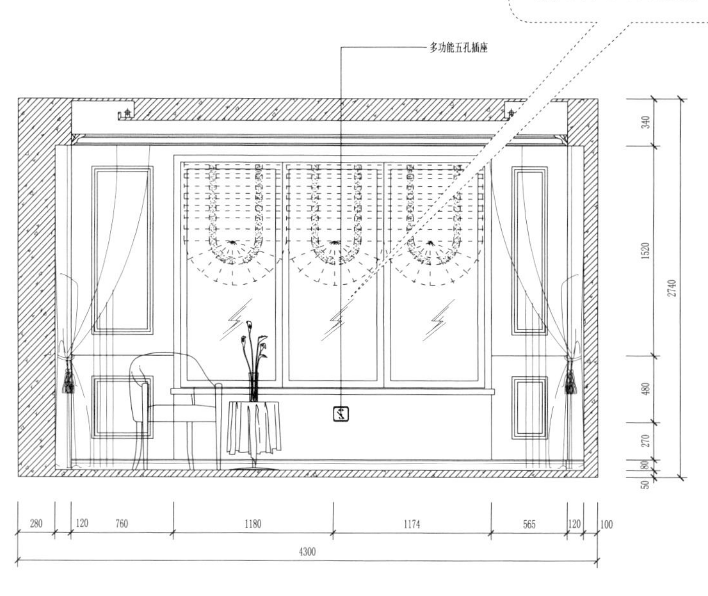

B 立面图

电视墙两侧对称安装壁灯，需要提前预留出线口，高度为离地1600mm。

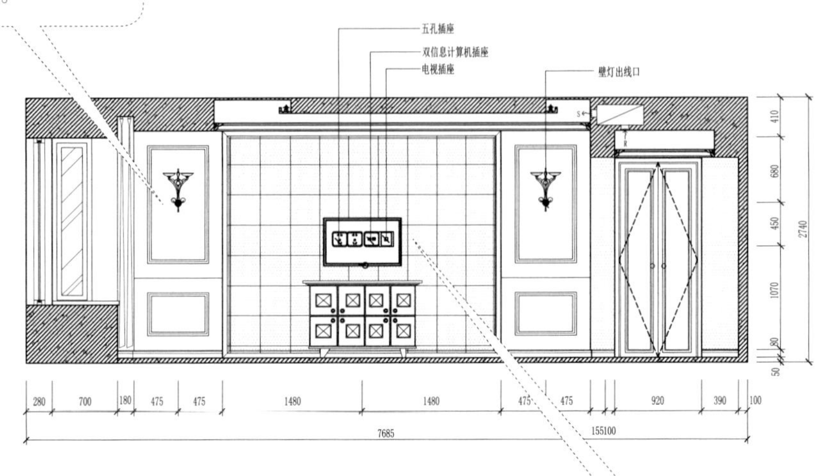

C 立面图

壁挂电视后方安装五孔电视插座以及信息插座，高度为离地 1150mm。

此墙面门和玻璃占据大部分空间，所以并没有做任何电路设计。

顶部暗藏灯带由床头和门口的双控开关一起控制。

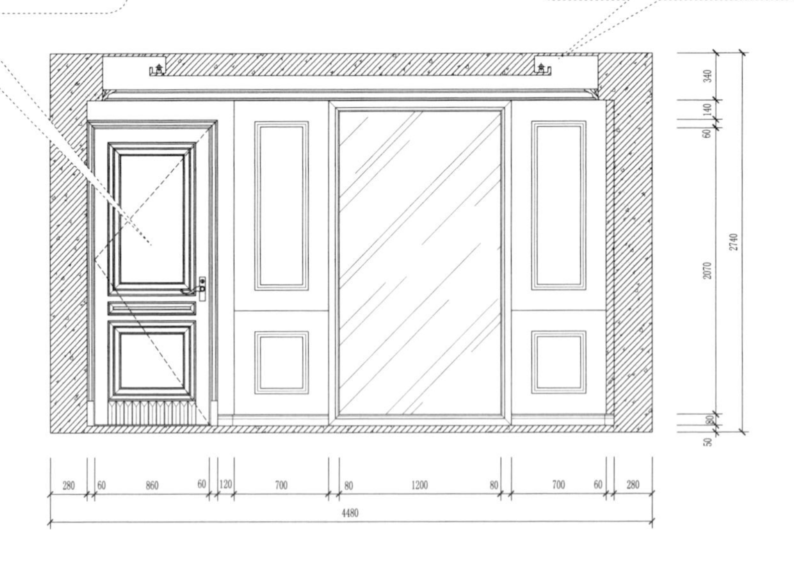

D 立面图

卧室电路设计案例6—— 有书房功能的卧室

本案例有许多拐角的不规则弧形，除了开关设计在门口外，其他电路建议安装在规则的部分中。飘窗设计成了书房，在进行电路定位时，就要将这一块的插座设计好。

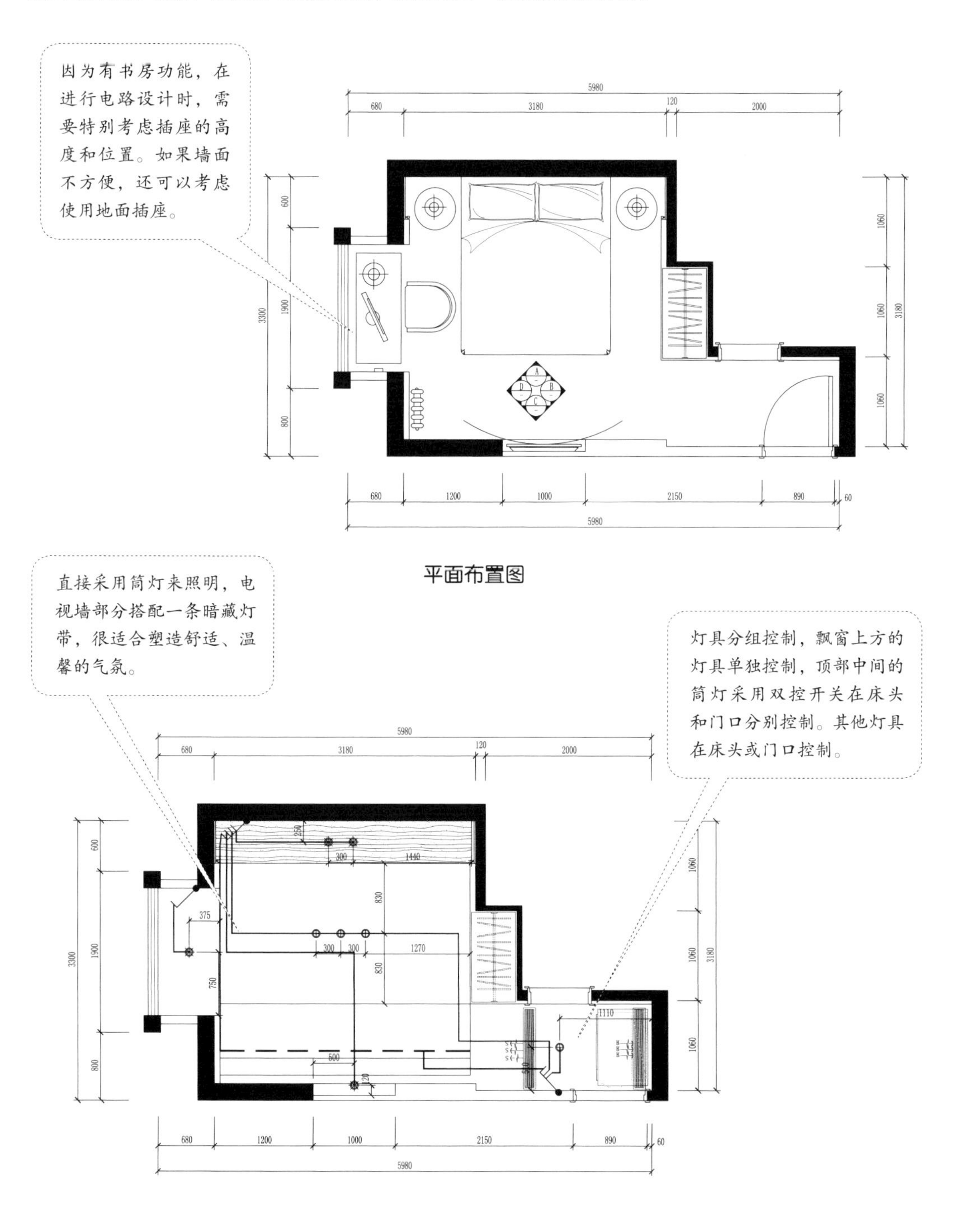

平面布置图

灯具布置图

床头左侧安装一个三联双控开关，与门口的双控一起控制室内灯具。一个五孔插座用来插接台灯，高度与右侧水平。

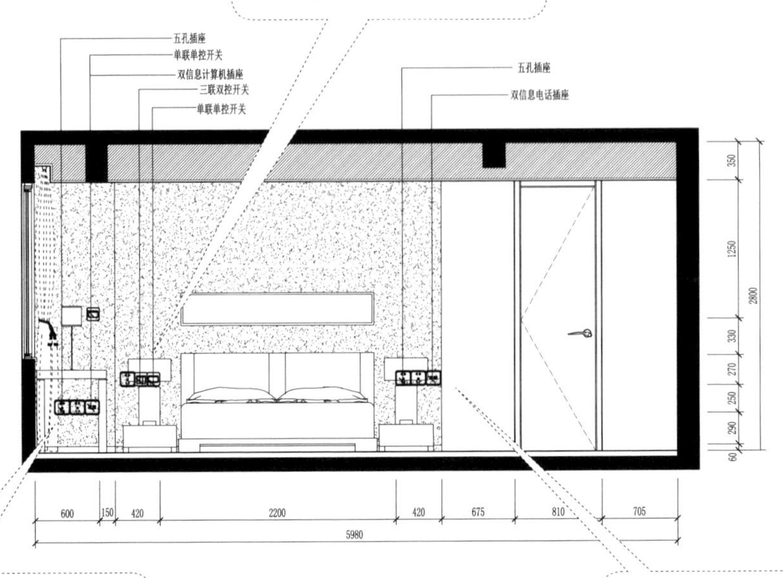

书桌部分使用的插座和信息插座安排在了床头墙的左下方，安装高度为离地350mm。

A立面图

床头右侧安装两个五孔插座用来插接台灯和电器，以及一个双信息插座，插接计算机等设备，安装高度为离地600mm。

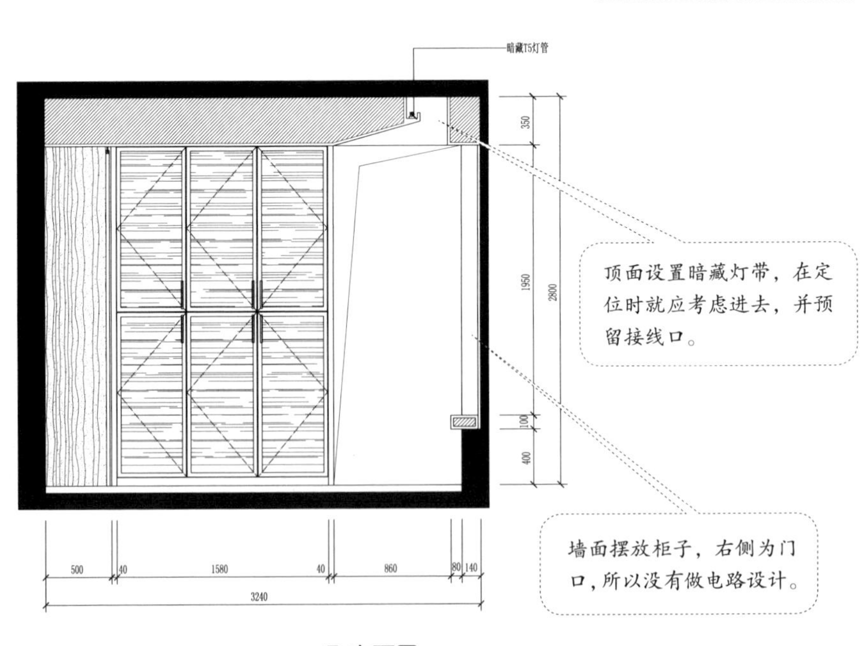

顶面设置暗藏灯带，在定位时就应考虑进去，并预留接线口。

墙面摆放柜子，右侧为门口，所以没有做电路设计。

B立面图

壁挂电视后方安装电视插座以及信息插座，高度为离地 1150mm。

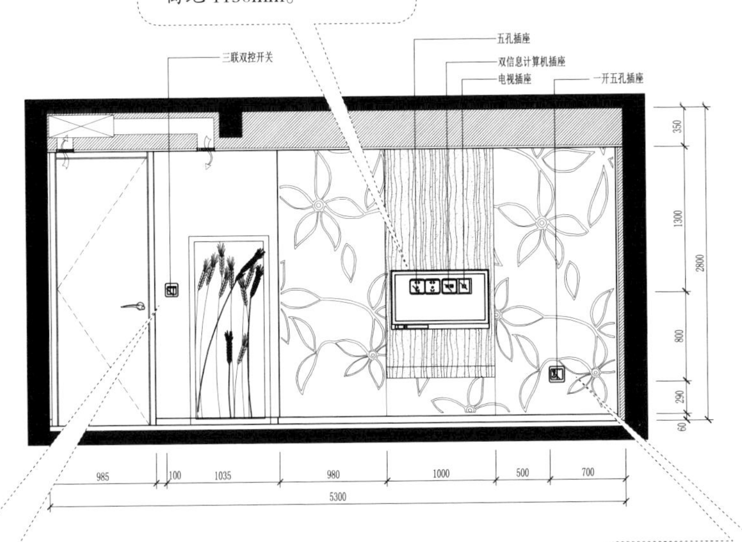

门开启方向的墙面上使用三联双控开关控制顶部灯具，其中两个单控控制门口顶灯和暗藏灯带，双控与床头双控一起控制中央部分的顶灯，安装高度为离地 1200mm。

C 立面图

右下方安装一个带开关五孔插座，用来插接季节性电器或移动电器，安装高度为离地 350mm。

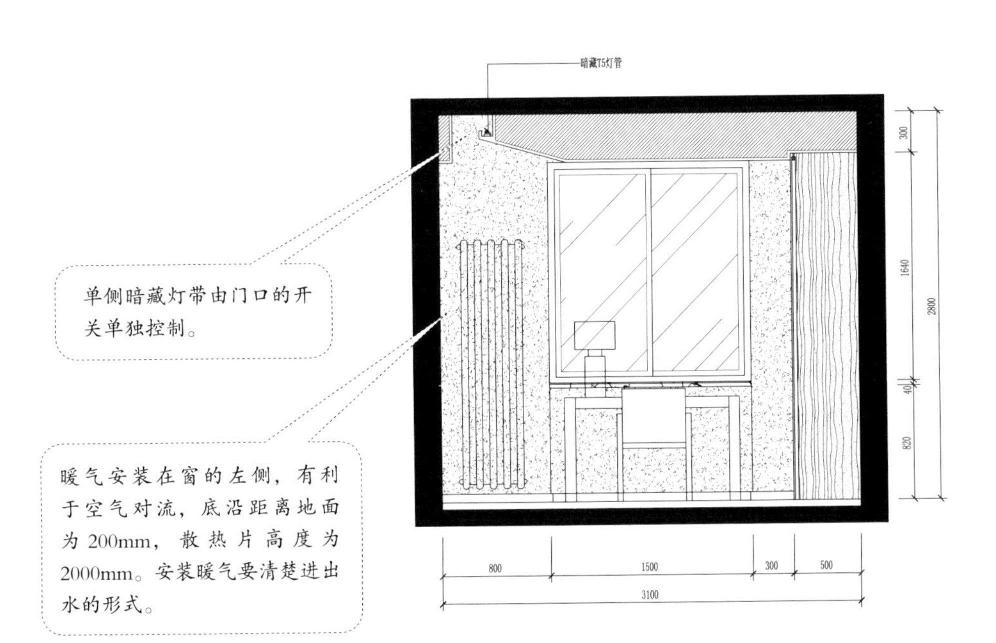

单侧暗藏灯带由门口的开关单独控制。

暖气安装在窗的左侧，有利于空气对流，底沿距离地面为 200mm，散热片高度为 2000mm。安装暖气要清楚进出水的形式。

D 立面图

4.4 书房电路设计

电路安装位置及要求

1. 照明

开关：安装高度为距离地面1300～1400mm。

顶灯：主灯建议选择吊灯或吸顶灯，如果面积小也可以不使用主灯。吊灯的适宜高度为灯的底沿距离地面2200mm，如有特殊情况最低不能少于1800mm。吸顶灯根据顶面高度制定。

壁灯：如果书房面积很大，可以与造型结合安装，安装高度为距离地面1800mm以上。

筒灯：安装筒灯吊顶底边距离原建筑顶面需预留不少于150mm的高度，数量根据面积制定，如果书房面积小且有吊顶，可以将筒灯作为主光源使用。

射灯：通常安装在墙面上做局部照明使用，位置根据需要烘托的主体而具体制定。

落地灯：面积大的书房可以放在阅读区，落地灯灯罩下沿距离地面高度不应小于1800mm。

台灯：放在书桌上，建议选择专用的阅读台灯。

暗藏灯：根据造型设计，可以安装在顶面上，也可以安装在墙面上，墙面上建议使用灯管。

2. 强电

插座：墙面插座安装高度距离地面300～350mm，还可使用地面插座，位置放在书桌附近。

空调：壁挂空调插座高度为距离地面1800mm。

3. 弱电

网络、电话插座：安装在书桌附近，墙面插座低插的高度距离地面300～350mm，高插距离地面1100mm左右，两种插座高度平齐，还可以使用地面插座。

散热器安装位置及要求

散热器：散热片的底沿距离地面200mm是最佳的安装高度，散热片高度选择1500～1800mm的为佳。

空调孔位置及要求

空调孔：空调孔不宜过大，餐厅多为挂式空调，开孔直径为50mm，高度距离地面2200mm左右；空调孔应在刷墙漆之前打好。

书房电路设计案例1—— 隔断式书房

书房与隔壁的卧室相通，采用隔断分隔空间，除掉门和书柜的位置，能够安装插座的位置非常少，为了使用方便，在书桌下方全部使用了地面插座。

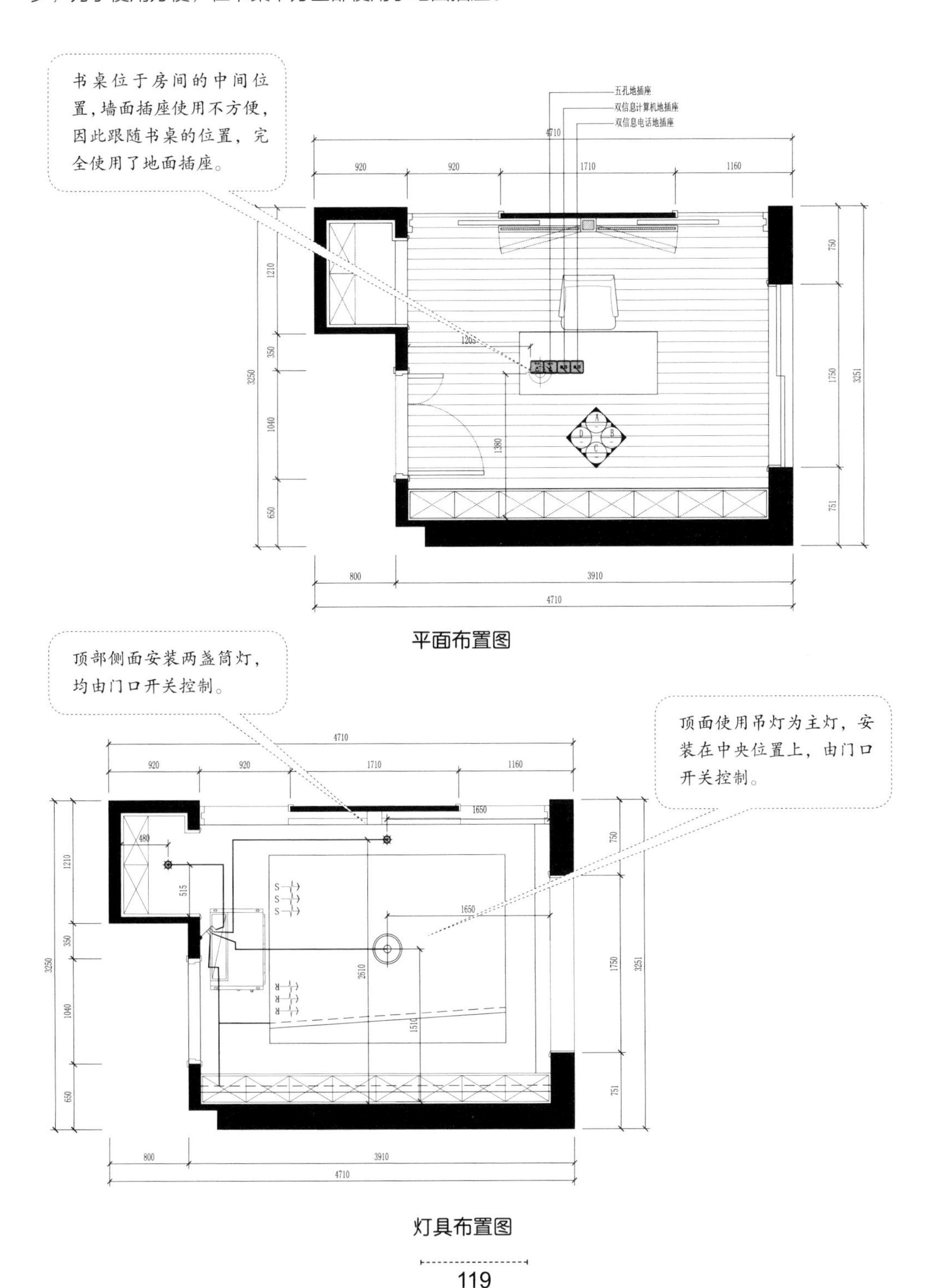

平面布置图

灯具布置图

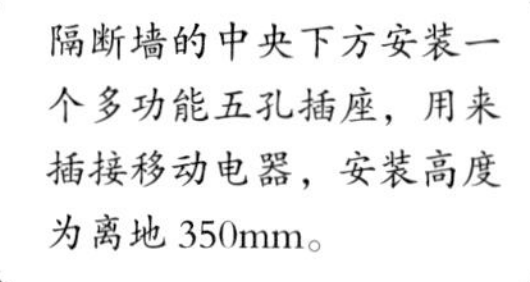
隔断墙的中央下方安装一个多功能五孔插座，用来插接移动电器，安装高度为离地350mm。

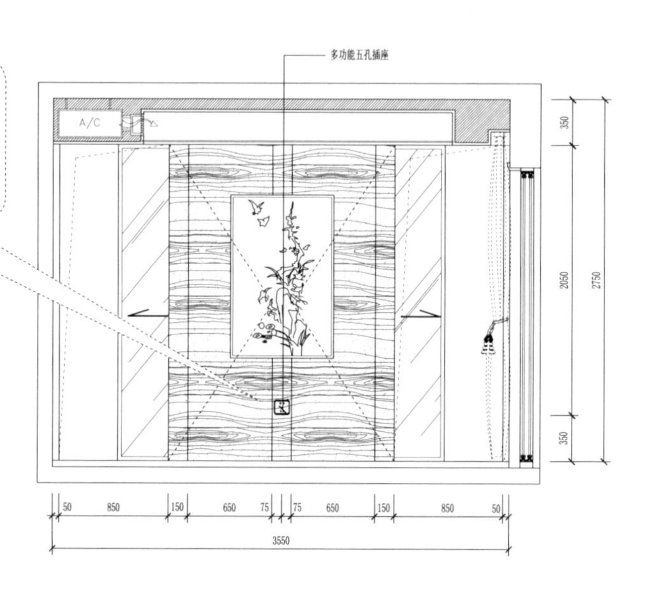
多功能五孔插座
A/C
350
2050
2750
350
50
850
150
650
75
75
650
150
850
50
3550

A 立面图

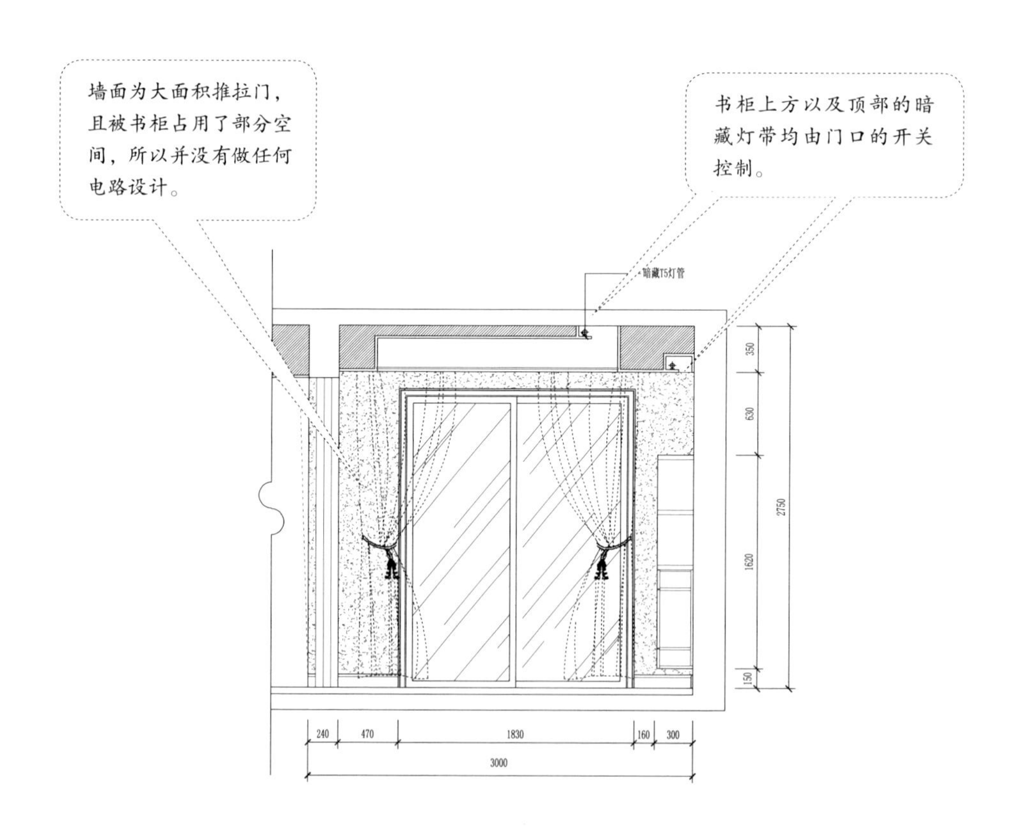
墙面为大面积推拉门，且被书柜占用了部分空间，所以并没有做任何电路设计。
书柜上方以及顶部的暗藏灯带均由门口的开关控制。
暗藏T5灯管
350
630
2750
1620
150
240
470
1830
160
300
3000

B 立面图

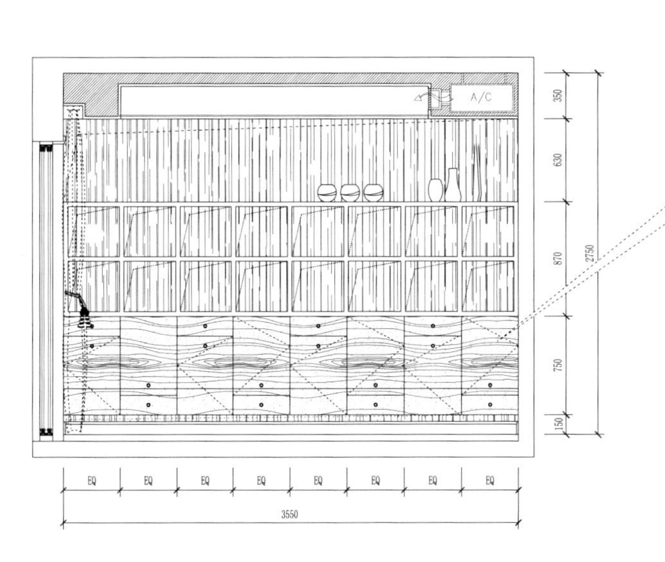

墙面主要为书柜，且插座安排在了地面，所以此墙面没有做任何电路设计。

C 立面图

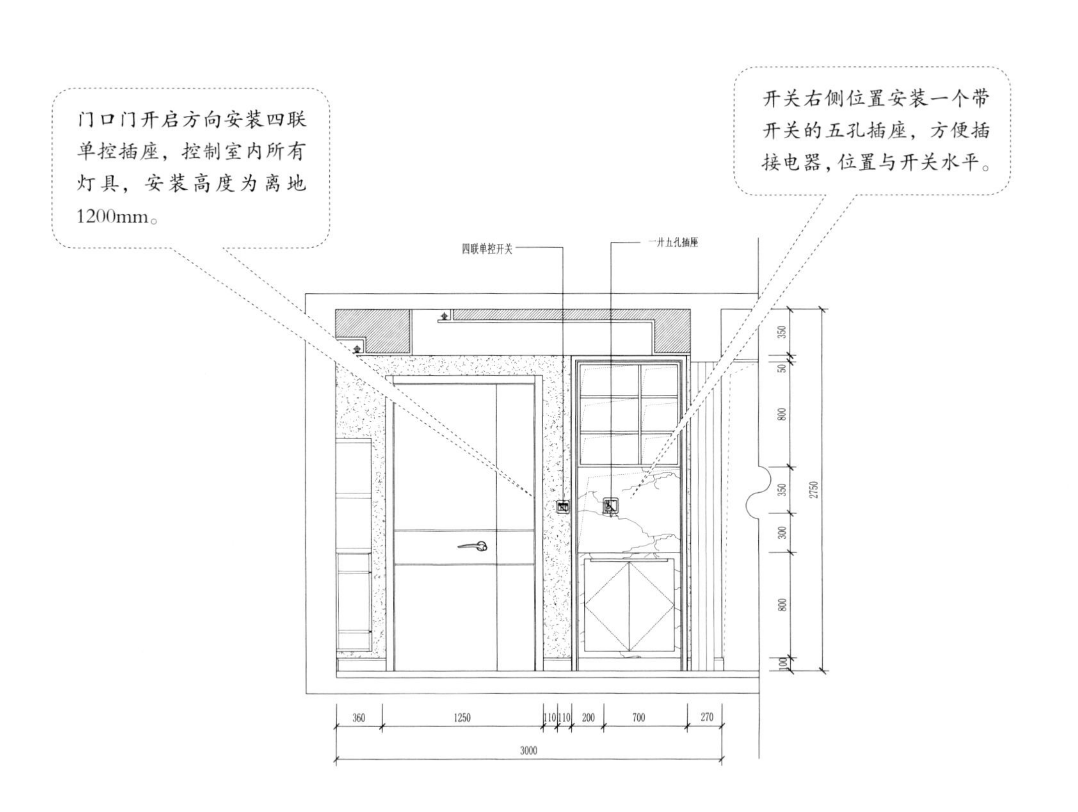

D 立面图

书房电路设计案例2—— 小面积书房

书房面积比较小，插座的位置就应集中一些，跟随书桌的位置安排，书桌靠墙摆放，插座可安排为低插放在紧挨的墙面上，开关可放在门口，方便操作。

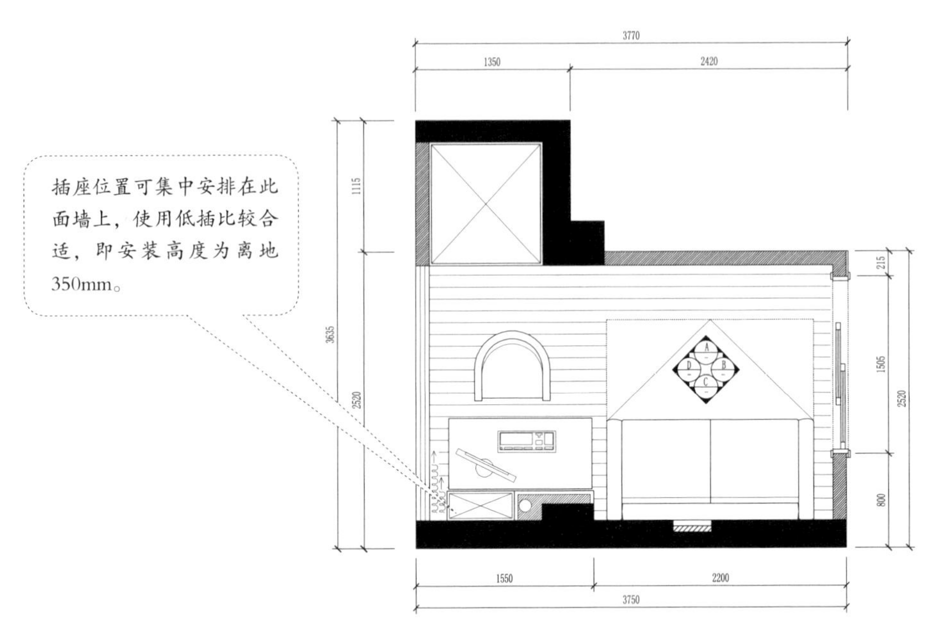

平面布置图

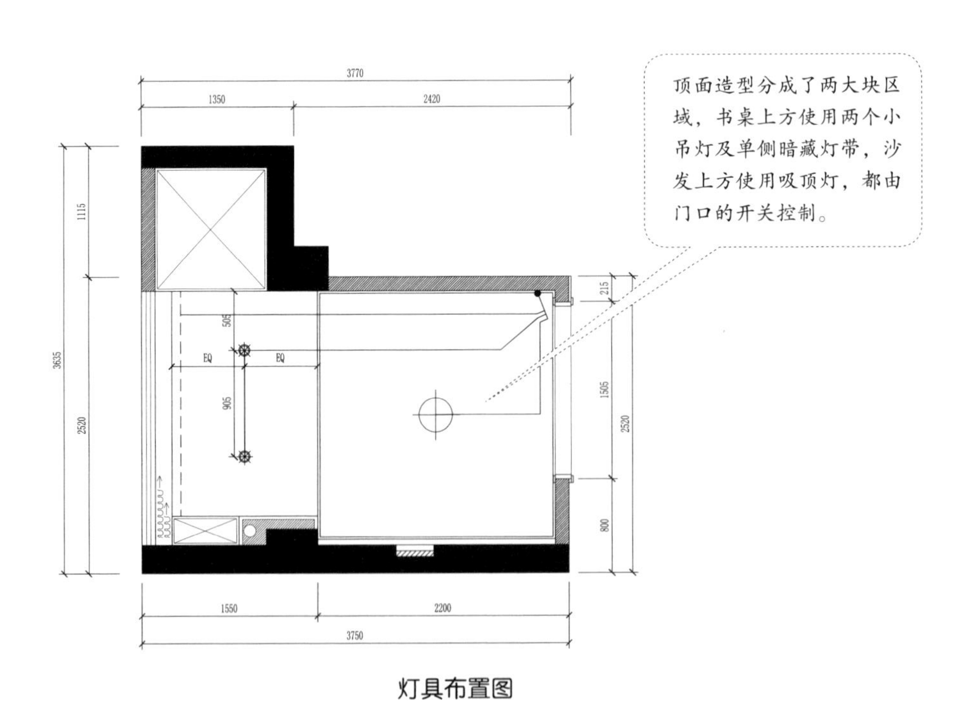

灯具布置图

暗藏灯带由门口的开关控制，预计安装灯带需要在定位时就确定位置，并预留接线口。

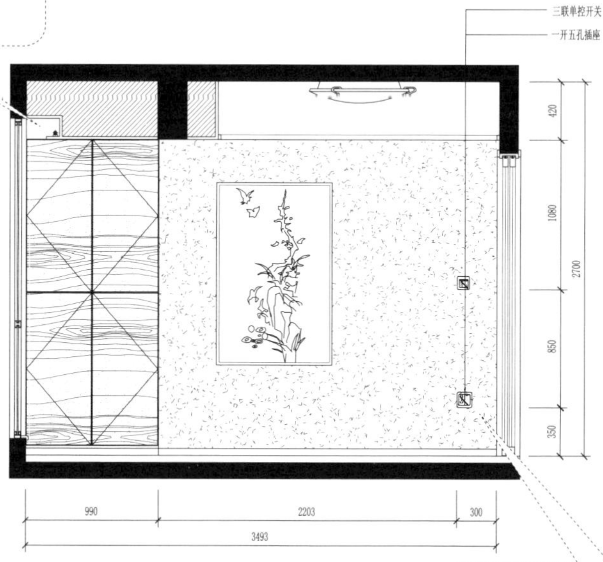

A 立面图

门的右侧墙面安装开关控制室内灯具，高度为离地1200mm，下方垂直位置安装一个带开关的五孔插座，用来插接季节性或移动电器，高度为离地350mm。

多功能五孔插座

门口右侧安装一个多功能五孔插座，作为备用插接电器，安装高度为离地350mm。

B 立面图

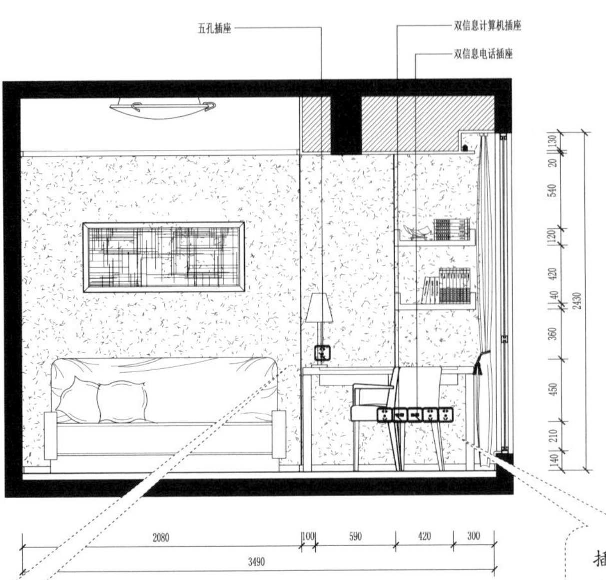

插座集中安装在此墙面上，包括有五孔插座和信息插座，安装高度为离地350mm。

C 立面图

单独一个五孔插座安装在台灯附近，用来插接台灯，安装高度为离地800mm。

墙面为大面积落地窗，且被柜子占用了部分空间，所以此面墙并没有做任何电路设计。

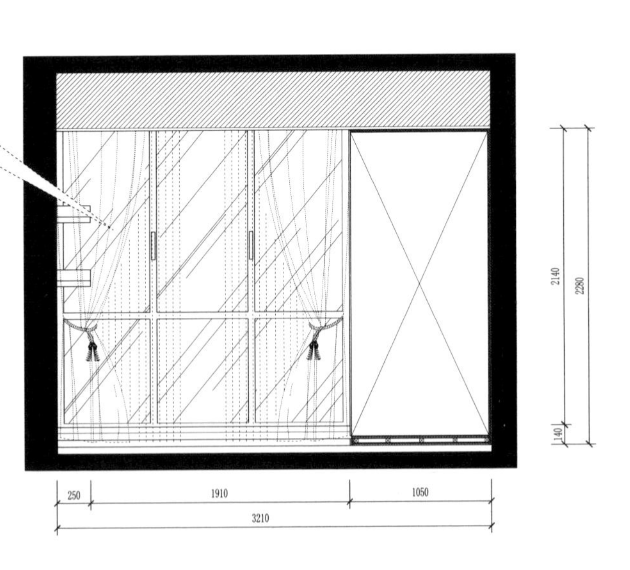

D 立面图

书房电路设计案例3—— 开敞式书房

开敞式的书房去掉敞开的部分和书柜、窗的空间，墙面会很少，且书桌摆放在了中间的位置，因此跟随书桌位置使用了地面插座，开关放在了进入位置的侧面墙上。

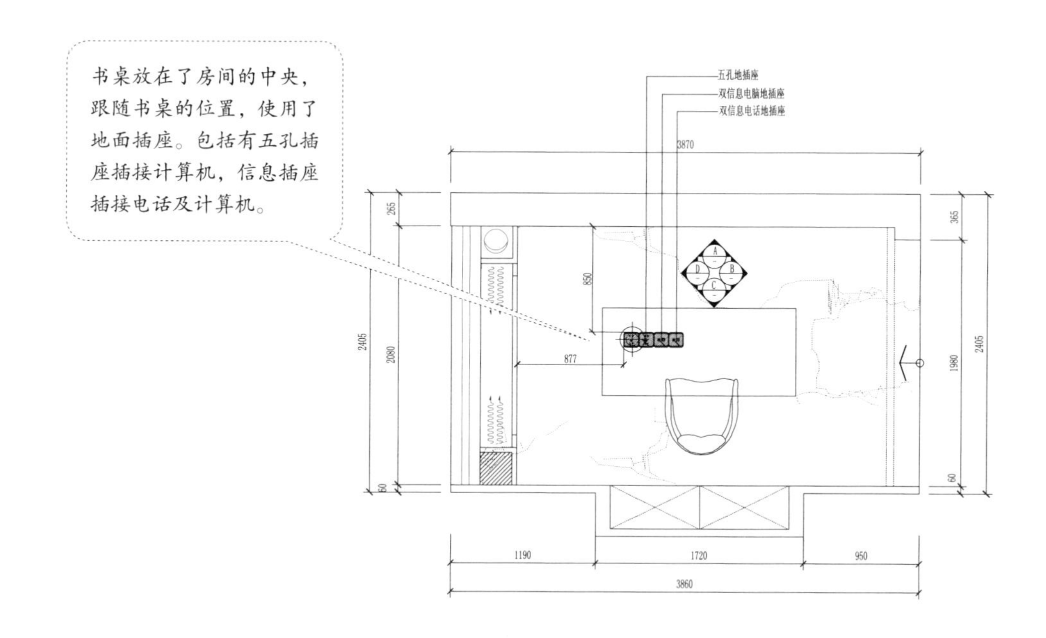

平面布置图

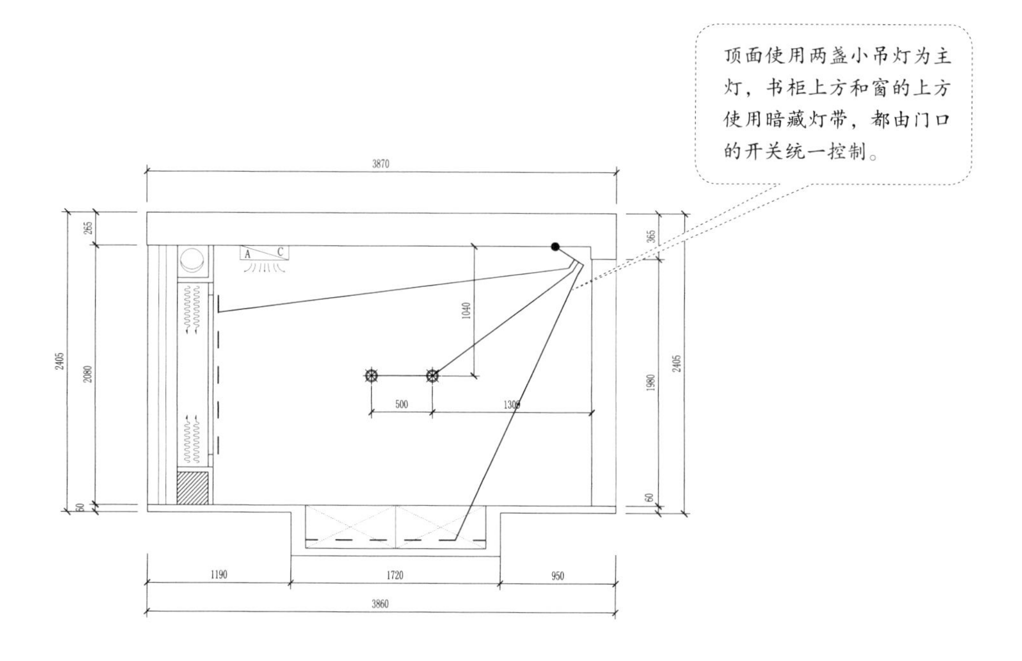

灯具布置图

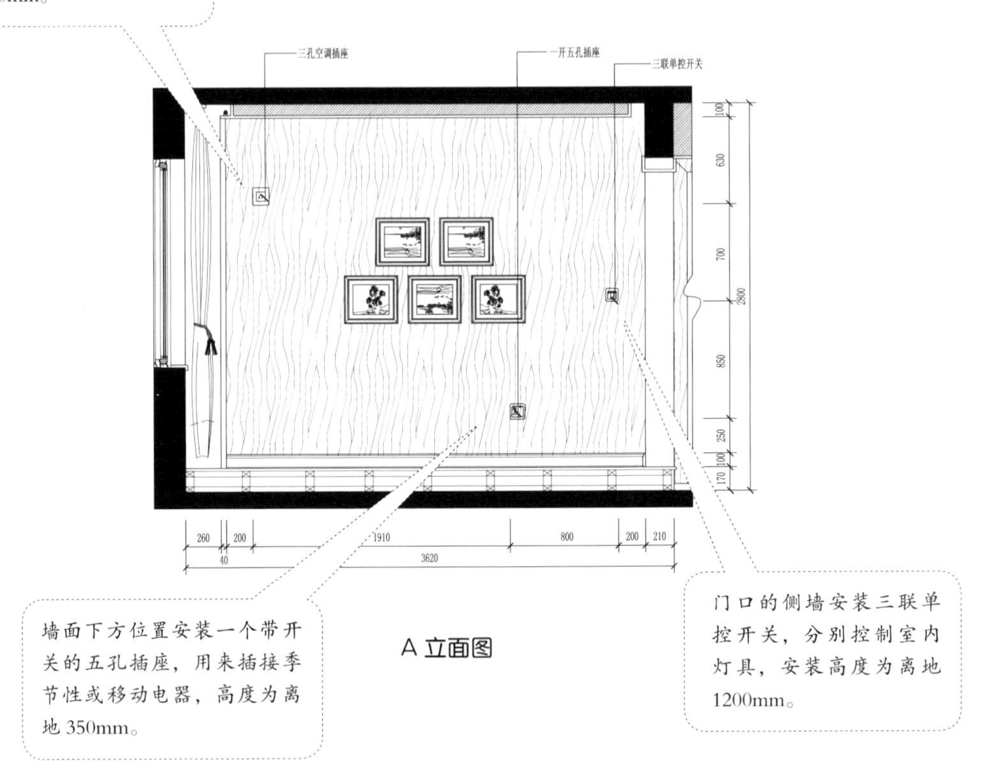
正对书桌的墙面上悬挂空调，因此预留了三孔空调插座，安装高度为离地1900mm。
三孔空调插座
一开五孔插座
三联单控开关
100
630
700
2800
850
250
100
170
260
200
1910
800
200
210
40
3620
墙面下方位置安装一个带开关的五孔插座，用来插接季节性或移动电器，高度为离地350mm。
门口的侧墙安装三联单控开关，分别控制室内灯具，安装高度为离地1200mm。

A 立面图

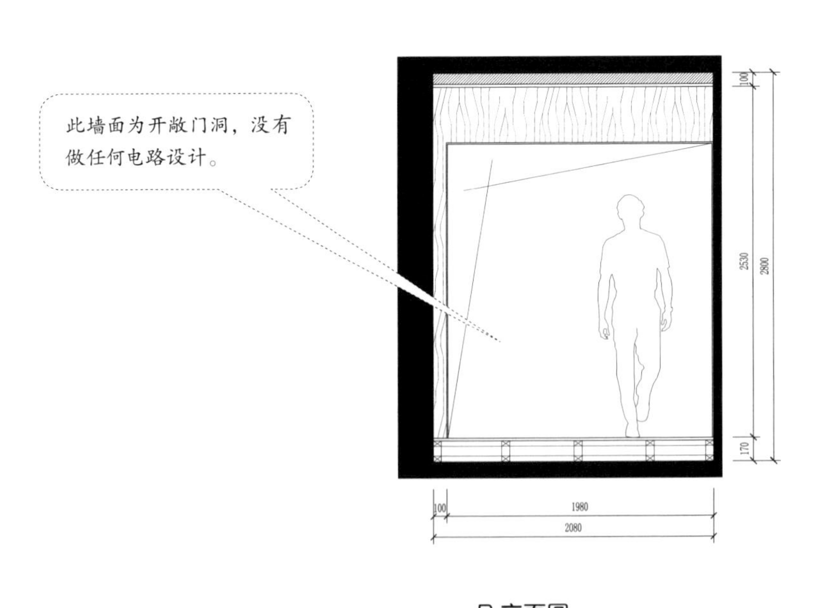
此墙面为开敞门洞，没有做任何电路设计。
100
2530
2800
170
100
1980
2080

B 立面图

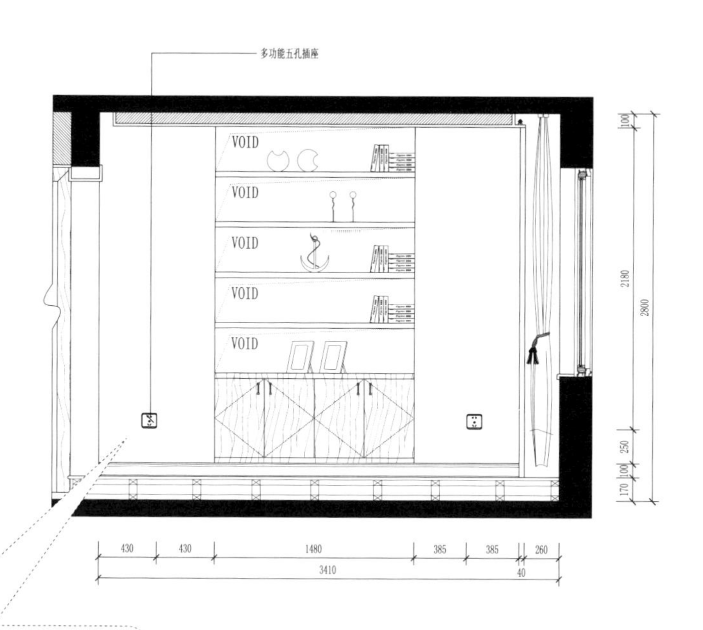

书柜两侧墙面各安装一个多功能五孔插座，用来插接进口的或季节性或移动电器，高度为离地 350mm。

C 立面图

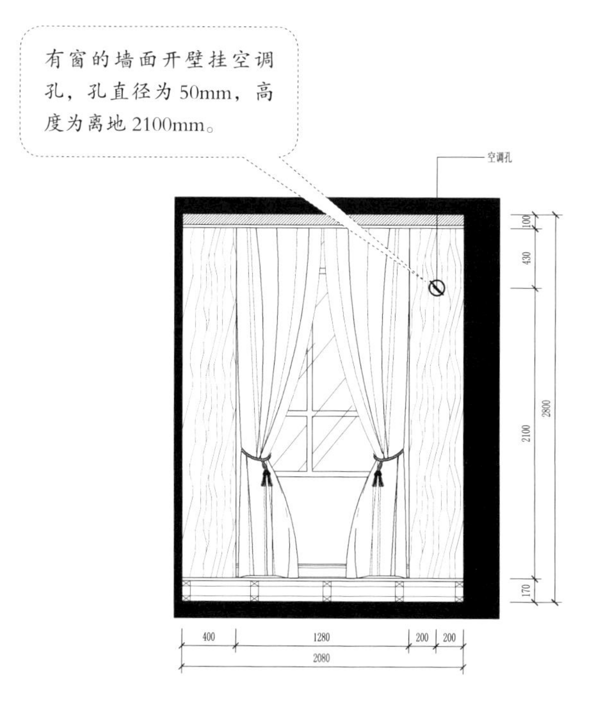

D 立面图

4.5 门厅电路设计

电路安装位置及要求

1. 照明

开关：安装高度为距离地面1300～1400mm。

顶灯：主灯建议选择吸顶灯，如果面积小也可以不使用主灯。吸顶灯根据顶面高度制定。

壁灯：可以与墙面造型结合安装，安装高度为距离地面1800mm以上。

筒灯：安装筒灯吊顶底边距离原建筑顶面需预留不少于150mm的高度，数量根据面积制定，可以将筒灯作为主光源使用。

射灯：通常安装在墙面上做局部照明使用，位置根据需要烘托的主体而具体制定。

落地灯：不建议使用。

台灯：如果设置有几案，可以放在几案上作为装饰及渲染气氛。

暗藏灯：根据造型设计，可以安装在顶面上，也可以安装在墙面上，墙面上建议使用灯管。

2. 强电

插座：结合需求，如果没有装饰性的台灯不需要安装插座，如安装插座，墙面插座安装高度距离地面300～350mm。

空调：无须安装。

3. 弱电

网络、电话插座：无须安装。

暖气安装位置及要求

暖气：无须安装。

空调孔位置及要求

空调孔：无须安装。

门厅电路设计案例1—— 带休息区的门厅

带有休息区的门厅面积通常比较宽敞，功能也比较多，在进行电路定位时，需要策划好家具的摆放形式，而后根据情况安排开关的位置，休息区很可能会需要插座，可根据需要安排。

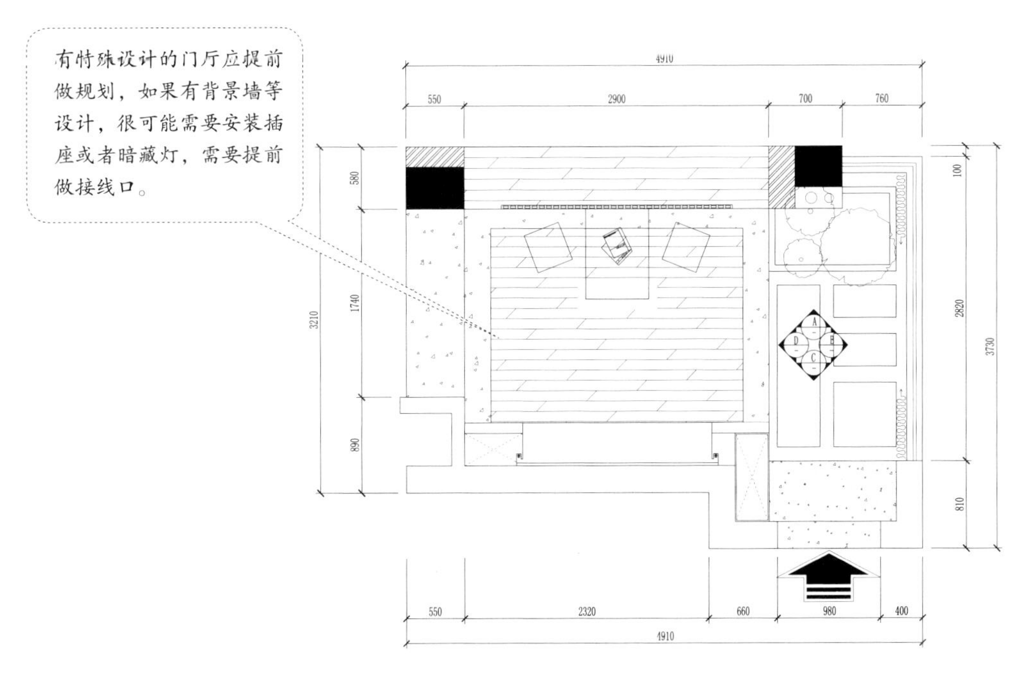

平面布置图

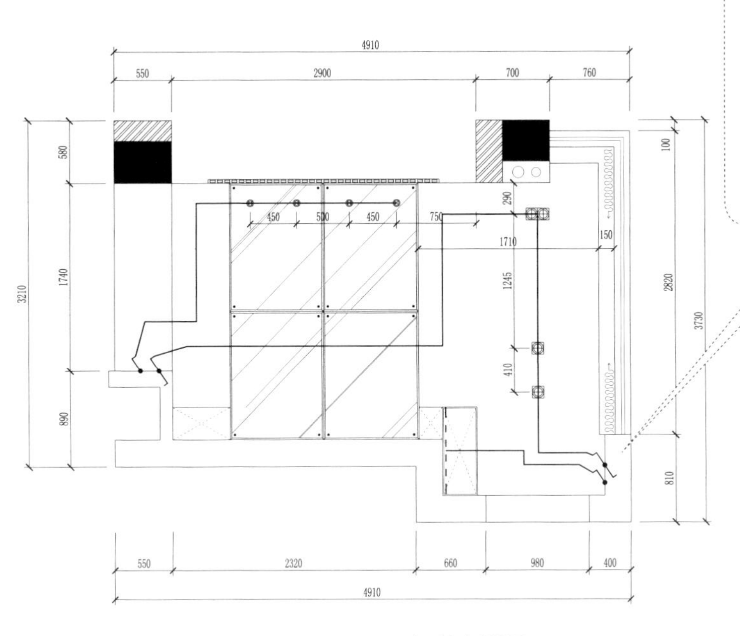

大门一侧的顶面设计了一排斗胆灯，由门口和休息区的双控开关一起控制，门口鞋柜上的暗藏灯带由门口单控开关控制，休息区的射灯由休息区的单控开关控制。

灯具布置图

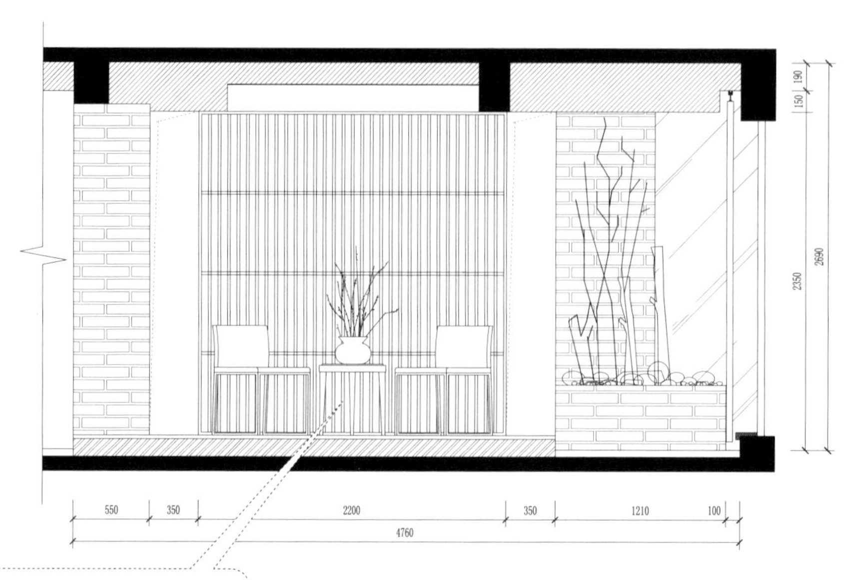

没有台灯等灯具，因此休息区墙面并没有做任何电路设计。

A 立面图

大门左侧的墙面上安装灯具开关，高度为离地1200mm，可视门铃也安装在同一位置上，高度为离地 1500mm。

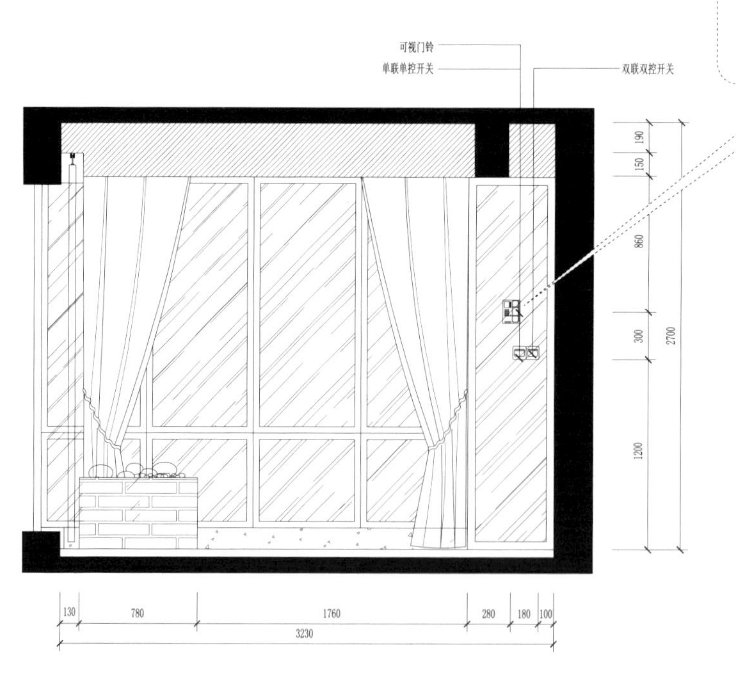

B 立面图

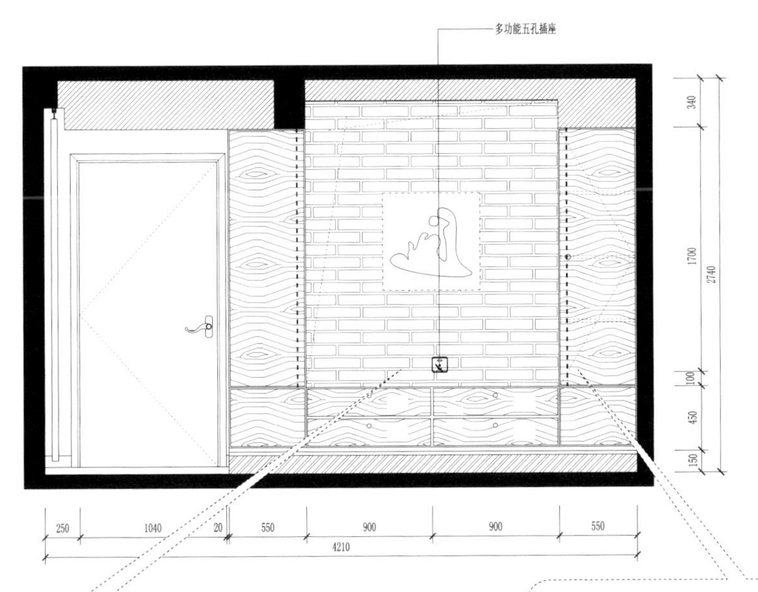

大门一侧的墙面上安装了一个多功能五孔插座，作为备用，或插接吸尘器等移动电器，安装高度为离地 700mm。

装饰柜两侧安装了暗藏灯带，由休息区的开关控制，此为特殊设计，需要提前预留接线口。

C 立面图

鞋柜吊柜下方设置了暗藏灯带，由休息区的开关控制，此为特殊设计，需要提前预留接线口。

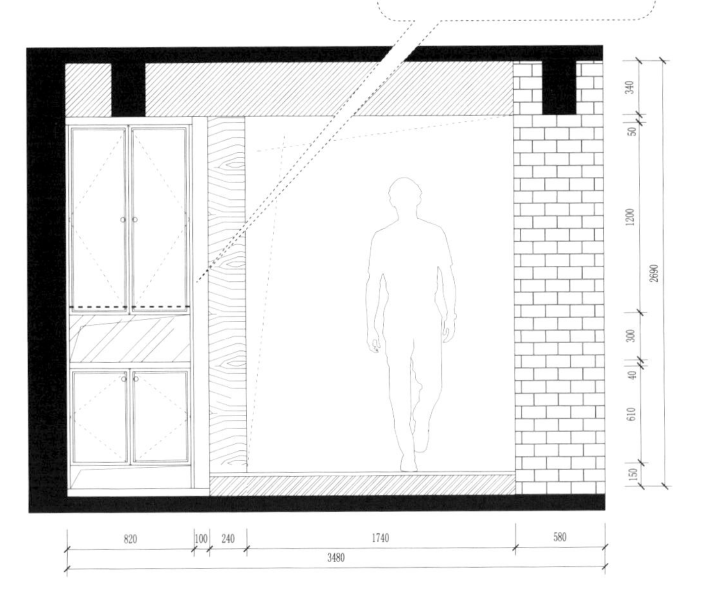

D 立面图

门厅电路设计案例2—— 一字形门厅

一字形门厅是最常见的门厅形式，设计此类门厅的电路时，主要考虑开关的位置及控制的灯具数量，如果墙面有位置，可以考虑安装一个备用插座用来插接移动电器。

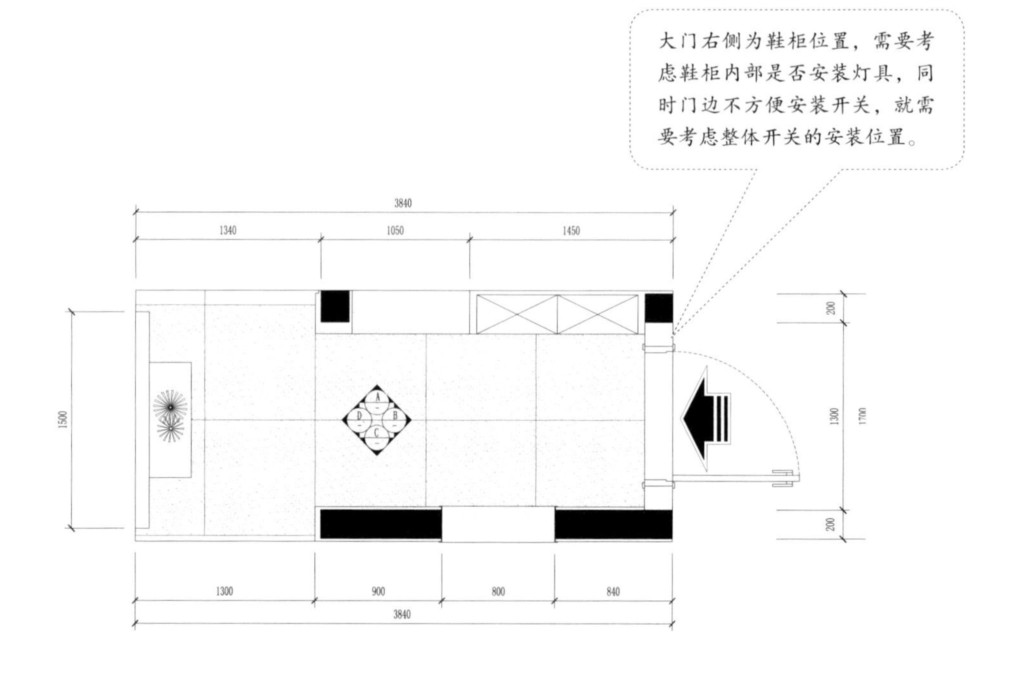

平面布置图

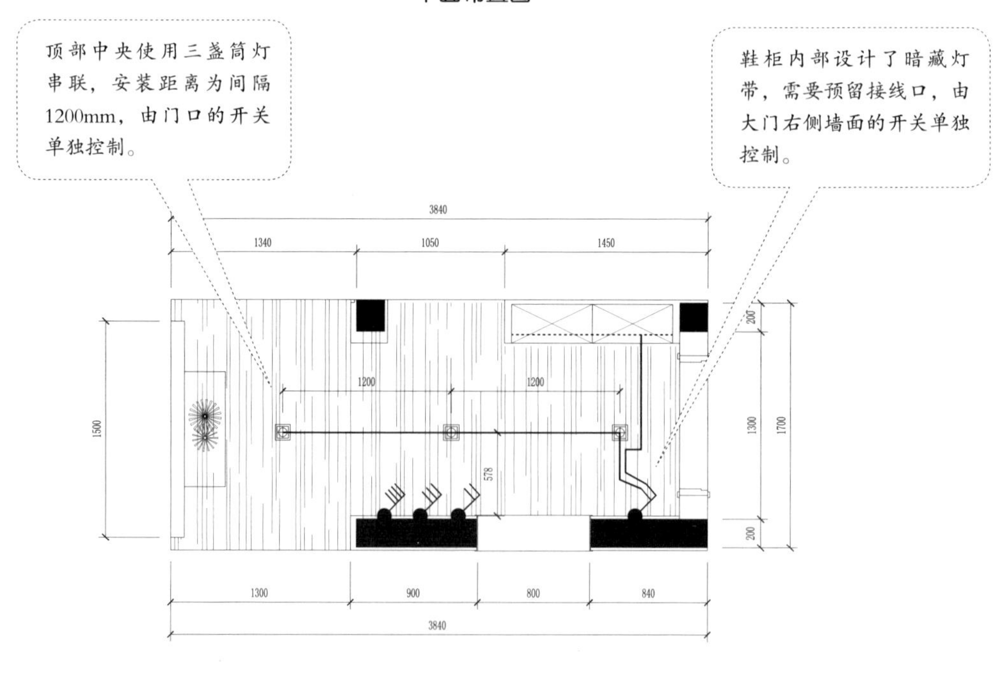

灯具布置图

鞋柜上方和下方都设计了暗藏灯带，需要提前预留接线口，在定位时就应做好规划。

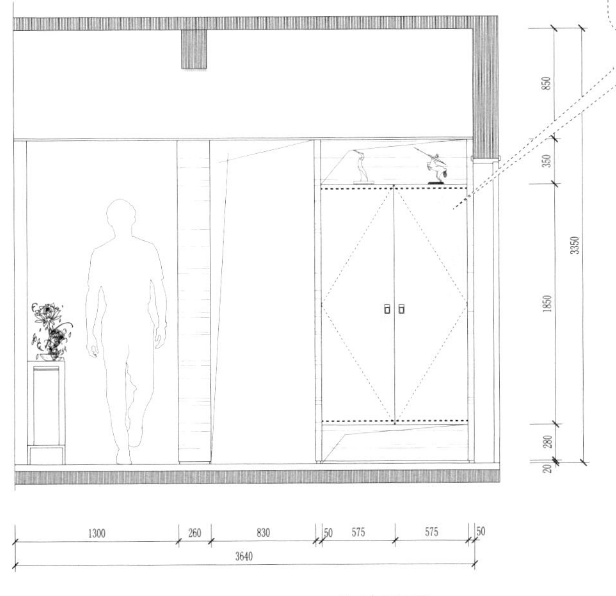

A 立面图

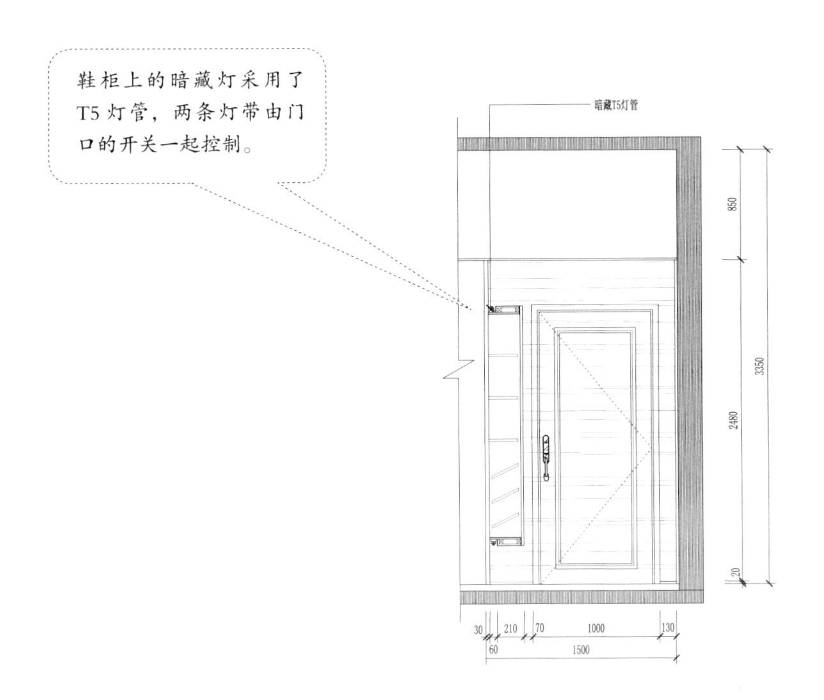

B 立面图

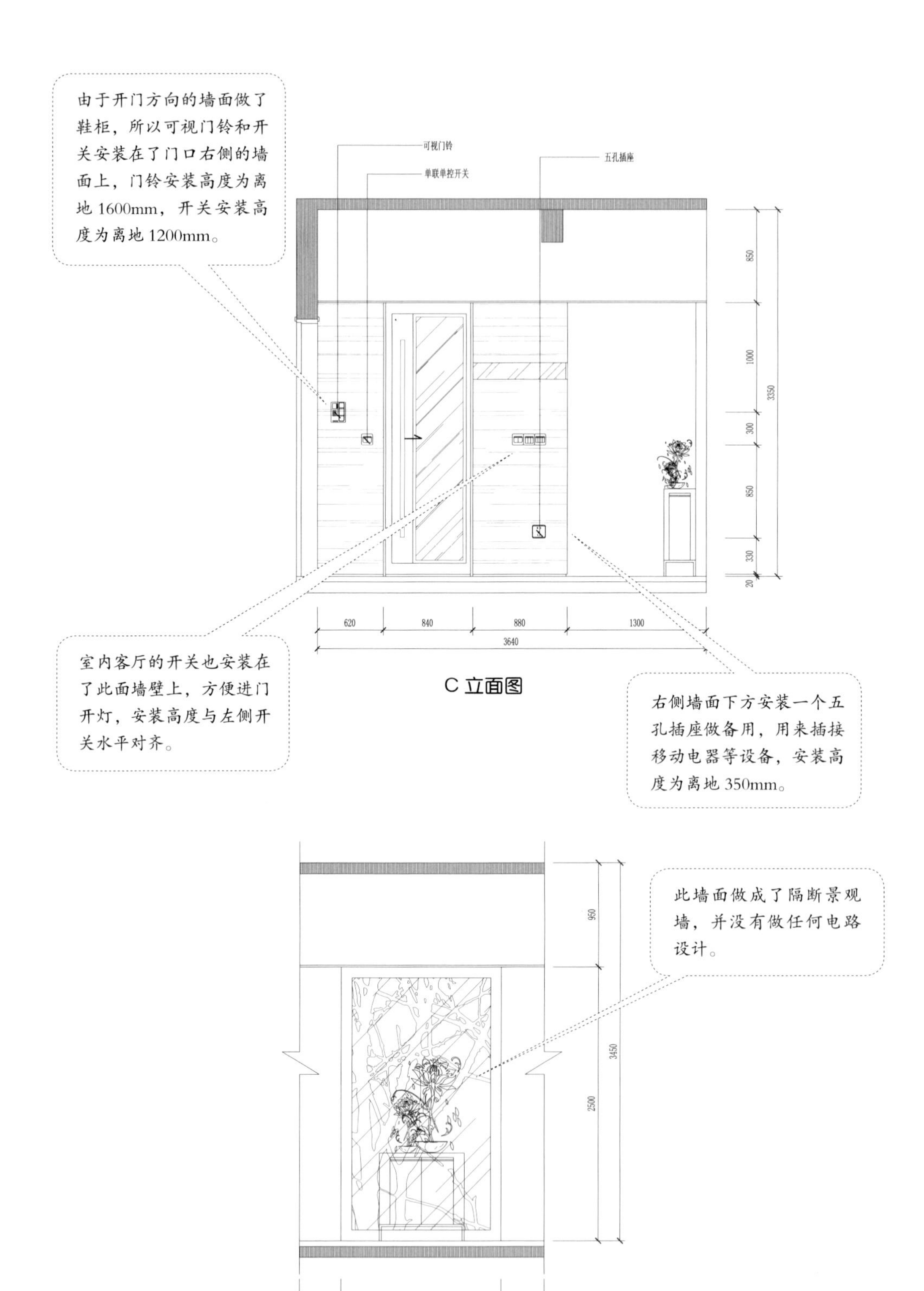
由于开门方向的墙面做了鞋柜，所以可视门铃和开关安装在了门口右侧的墙面上，门铃安装高度为离地 1600mm，开关安装高度为离地 1200mm。
可视门铃
单联单控开关
五孔插座
850
1000
300
850
330
20
3350
620
840
880
1300
3640
室内客厅的开关也安装在了此面墙壁上，方便进门开灯，安装高度与左侧开关水平对齐。
C 立面图
右侧墙面下方安装一个五孔插座做备用，用来插接移动电器等设备，安装高度为离地 350mm。
此墙面做成了隔断景观墙，并没有做任何电路设计。
950
2500
3450
400
1500
400
2300

D 立面图

门厅电路设计案例3—— 方形门厅

方形门厅且面积不大，大门位于墙面的中间位置上，开关可以安排在门两边的墙面上，根据需要可以预留一个或两个插座备用。

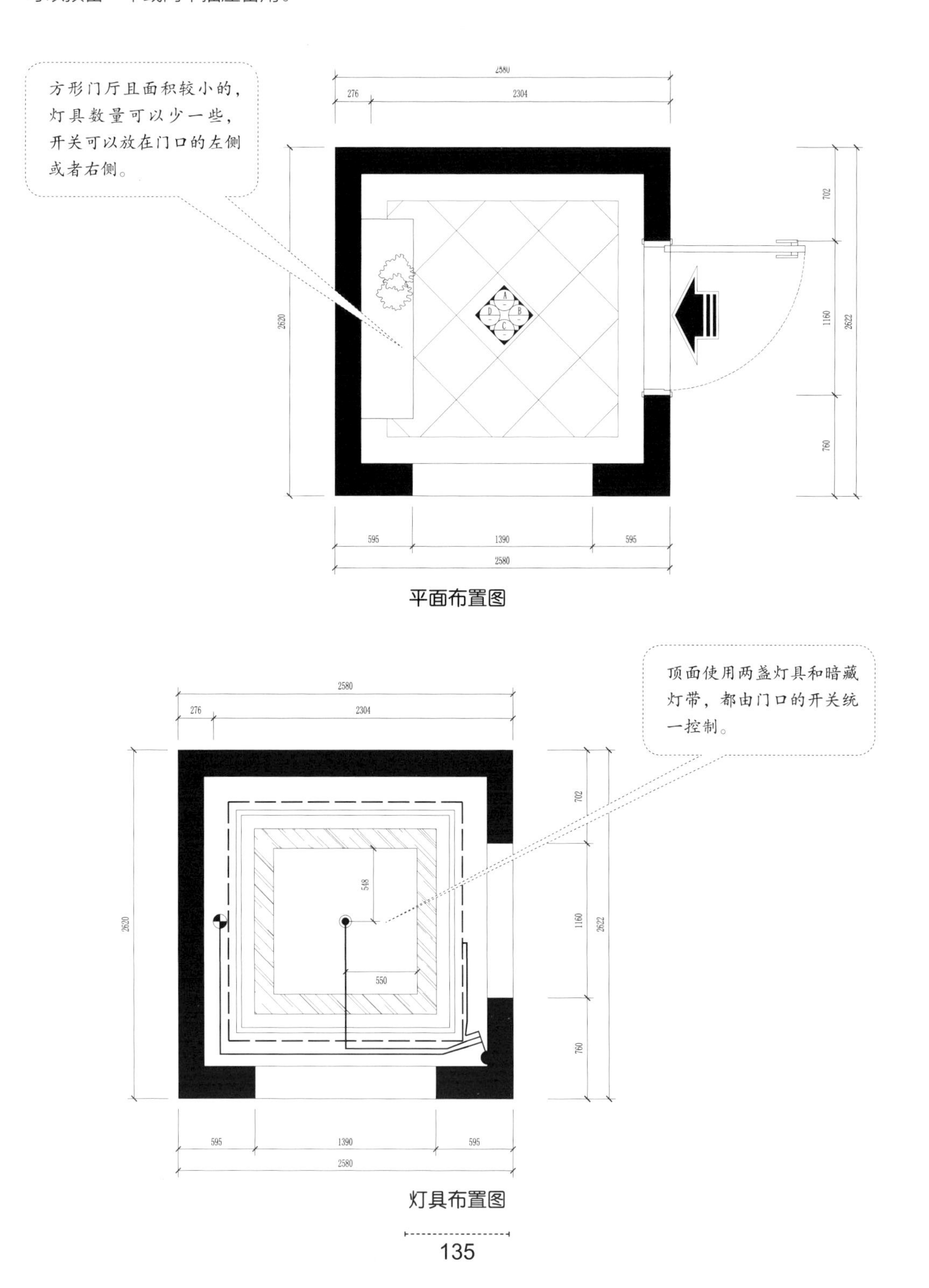

平面布置图

灯具布置图

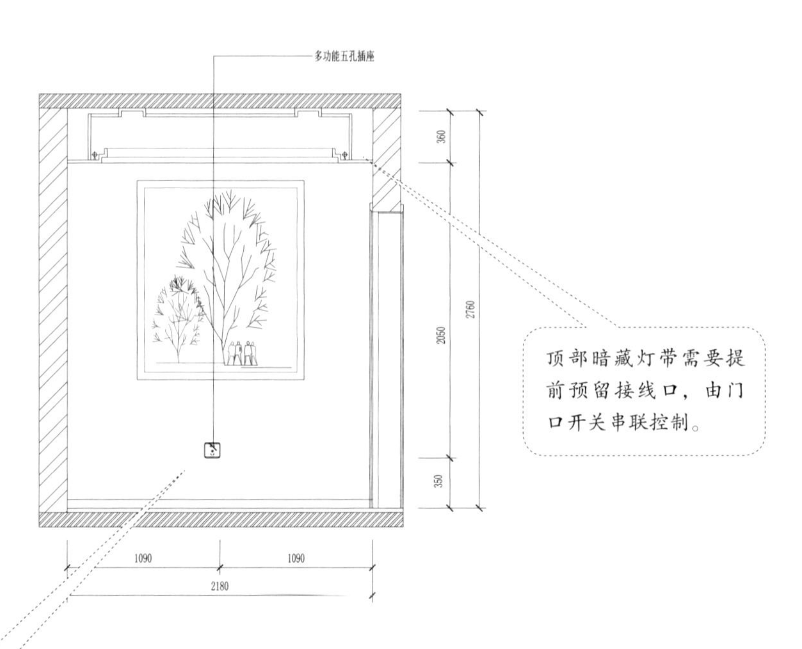

A 立面图

墙面中间位置的下方安装一个五孔插座做备用，用来插接移动电器等设备，安装高度为离地 350mm。

顶部暗藏灯带需要提前预留接线口，由门口开关串联控制。

开关和可视门铃安装在大门开启的方向，方便操作，门铃安装高度为离地 1500mm，开关安装高度为离地 1200mm。

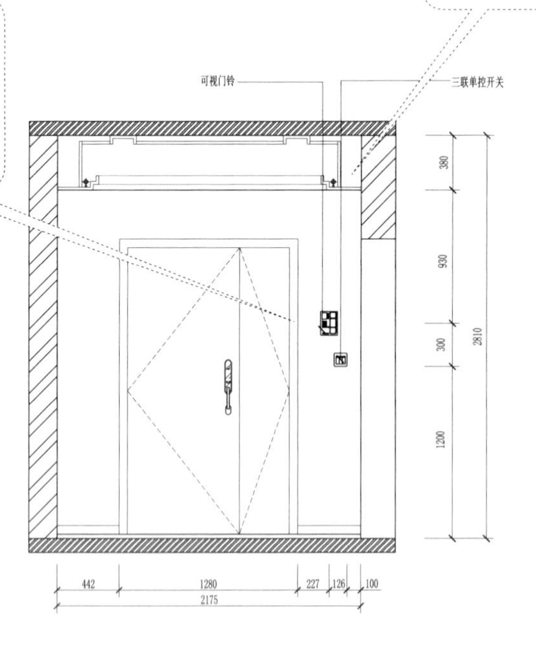

B 立面图

顶部暗藏灯带需要提前预留接线口，由门口开关串联控制。

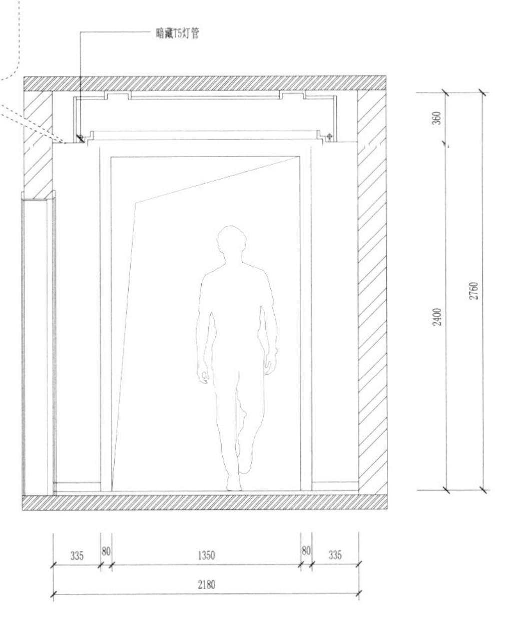

C 立面图

背景墙上有造型，所以没有做任何电路设计。

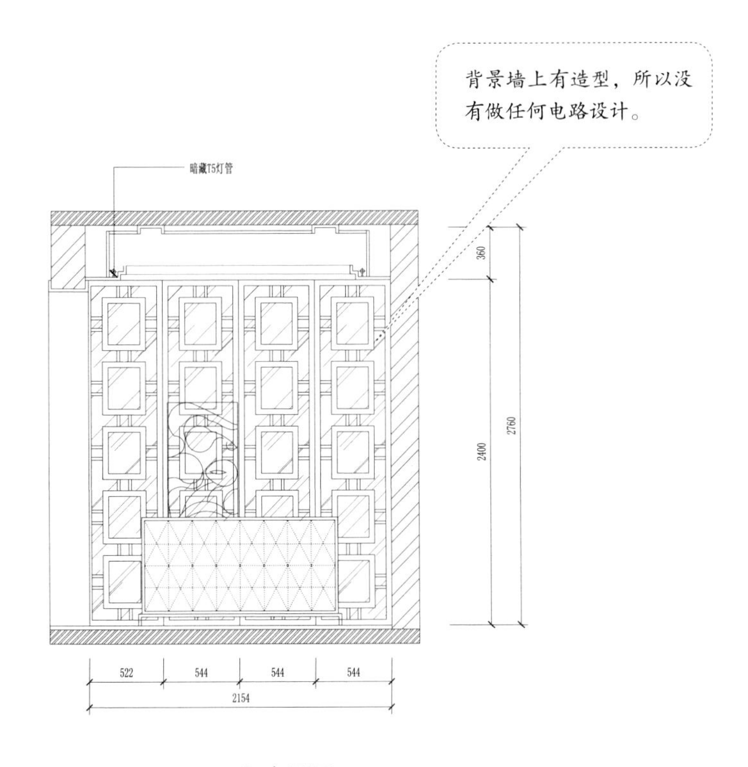

D 立面图

门厅电路设计案例4—— 长门厅

长条形的门厅通常比较狭窄，大门的两侧通常没有位置安装开关和门铃，可以安装在侧面墙壁上，灯具可以使用筒灯，能够比较均匀的照明。

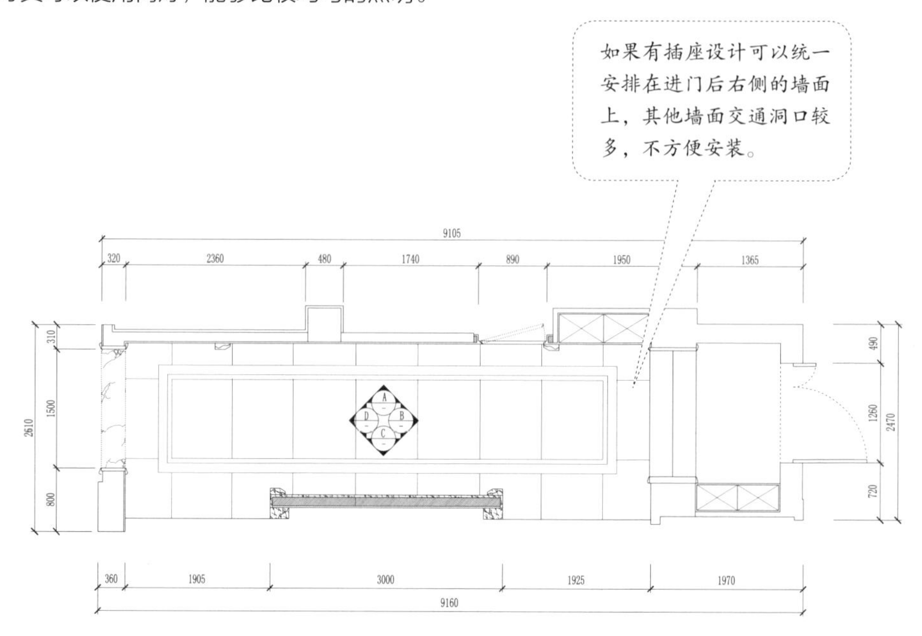

平面布置图

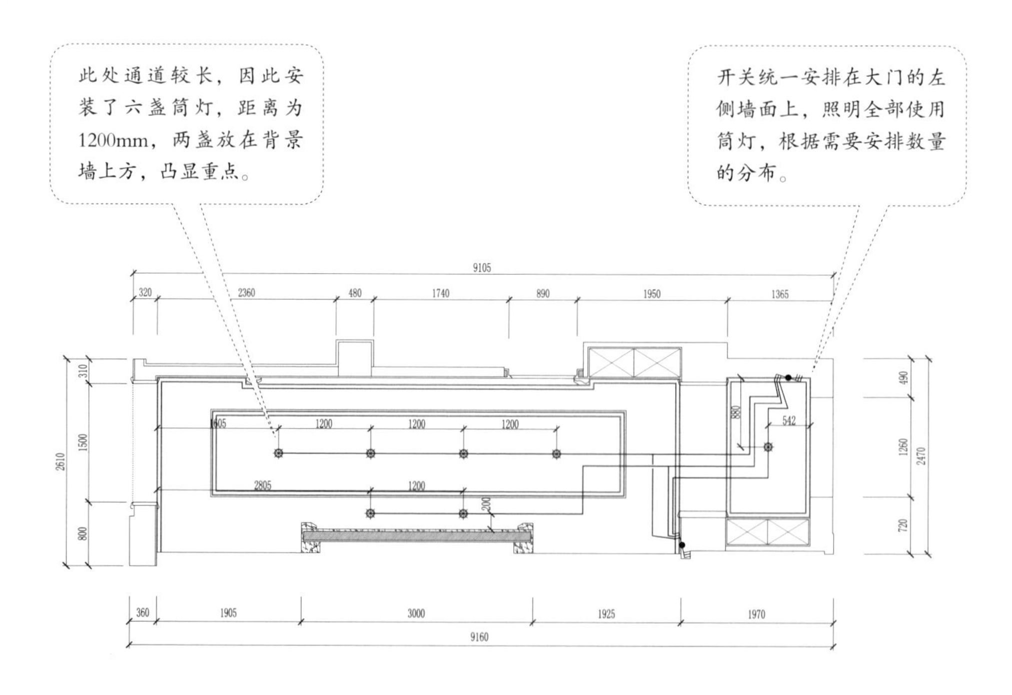

灯具布置图

开关和可视门铃安装在大门右侧墙面上，方便操作，门铃安装高度为离地1500mm，开关安装高度为离地1200mm。因为长度过长，所以开关使用了双控形式，方便在室内控制门厅灯具。

A 立面图

墙面下方安装一个带开关的五孔插座做备用，用来插接移动电器等设备，安装高度为离地350mm。

大门左右两侧空间过小，因此没有做电路设计。

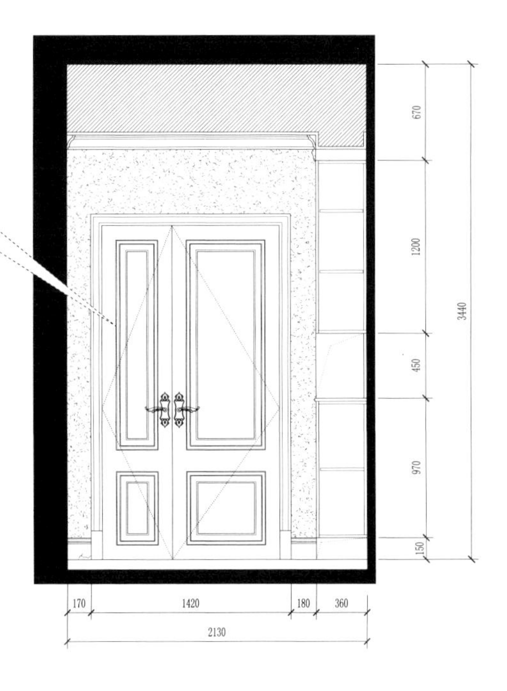

B 立面图

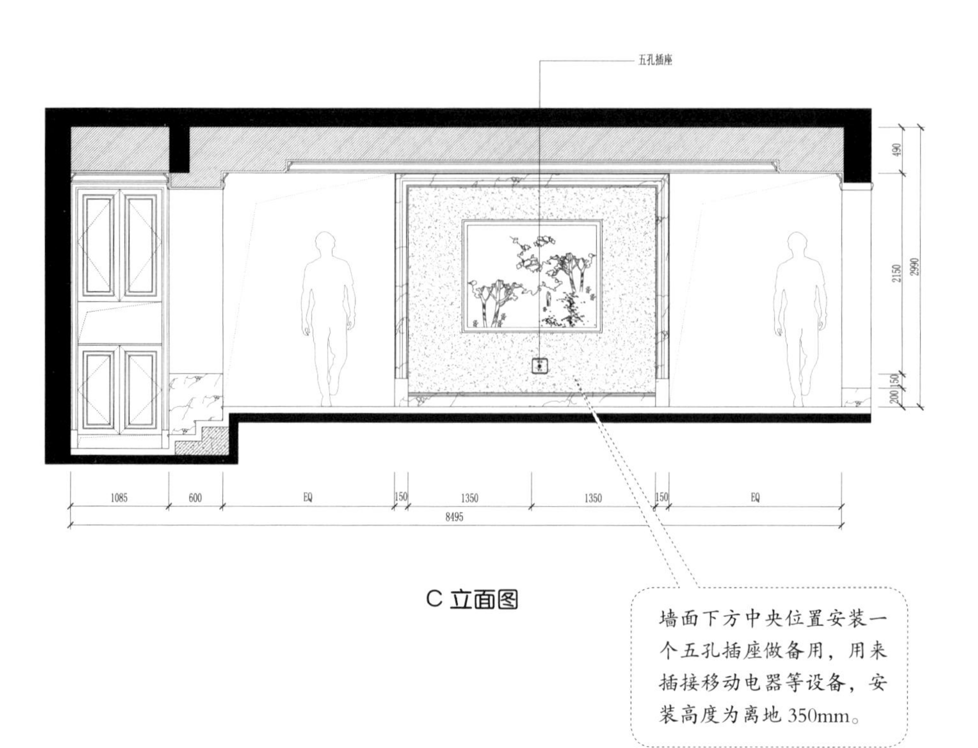
五孔插座
490
2150
2990
150
200
1085
600
EQ
150
1350
1350
150
EQ
8495
墙面下方中央位置安装一个五孔插座做备用，用来插接移动电器等设备，安装高度为离地 350mm。

C 立面图

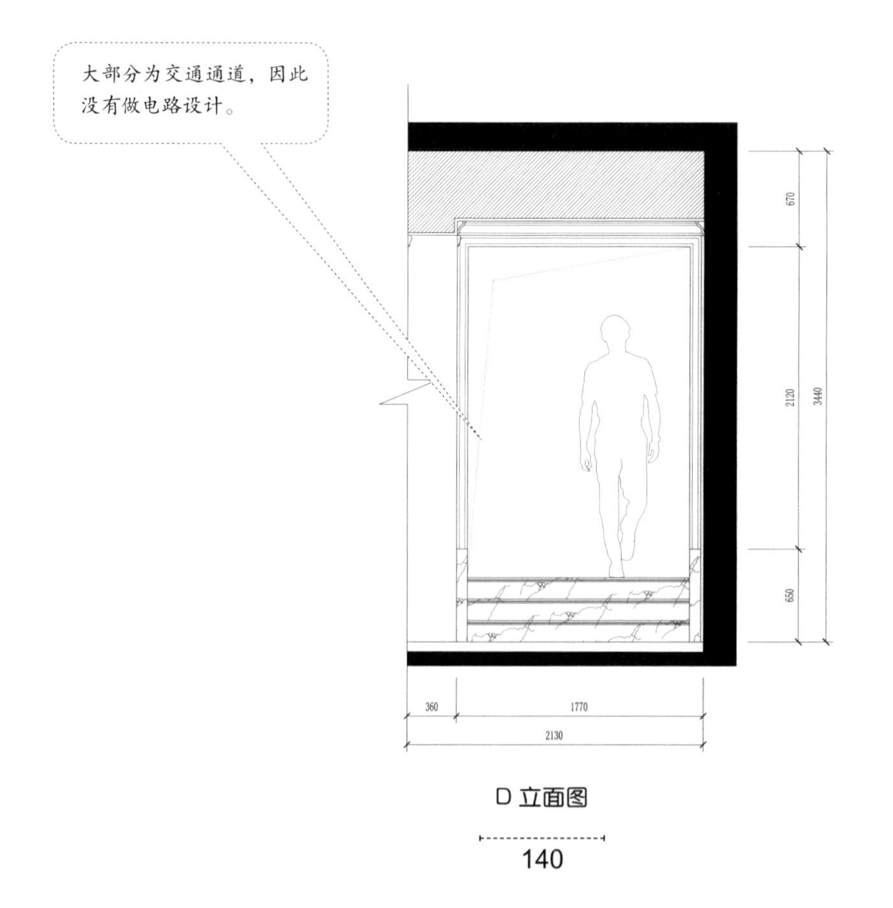
大部分为交通通道，因此没有做电路设计。
670
2120
3440
650
360
1770
2130

D 立面图

4.6 厨房水电设计

电路安装位置及要求

1. 照明

开关：安装高度为距离地面1300～1400mm。

顶灯：减去吊柜的尺寸，应安装在中央的位置上。如果房间形状不规则，可安装在相对中央的位置上。

筒灯：根据厨房的大小安排，如果厨房为开敞式且面积很大，可以适当的安装少量筒灯。

暗藏灯：建议安装在吊柜下方的操作区附近，起到局部照明作用，让烹饪操作看得更为清楚。

射灯：不建议安装。

台灯：不建议安装。

2. 强电

插座：厨房电器较多，除了普通的三孔插座、五孔插座外，可安装适当数量的带开关插座，若洗衣机放在厨房还需要安装一个防溅水插座。

空调：通常不建议安装。

3. 弱电

电视插座：不建议安装。

暖气安装位置及要求

暖气：厨房中的暖气散热片高度选择900mm的为佳，可以节省空间。

水路安装位置及要求

冷热水口：洗菜盆下方预留冷热水口，高度距离地面200～400mm；燃气热水器冷热水口距离地面1200～1500mm；洗衣机和洗碗机的冷水口一般安装在洗物柜中，高度在墙面离地高200～400mm的位置，一般安装在洗碗机机体的左右两侧地柜内。

厨房水电设计案例1—— L型橱柜厨房

本案采用L型分布的橱柜，空间很紧凑。在定位时就应考虑好电器的类型和位置，插座跟随电器的位置安排；水路需要考虑洗菜盆的位置，而后对出水口和排水口的位置进行安排。

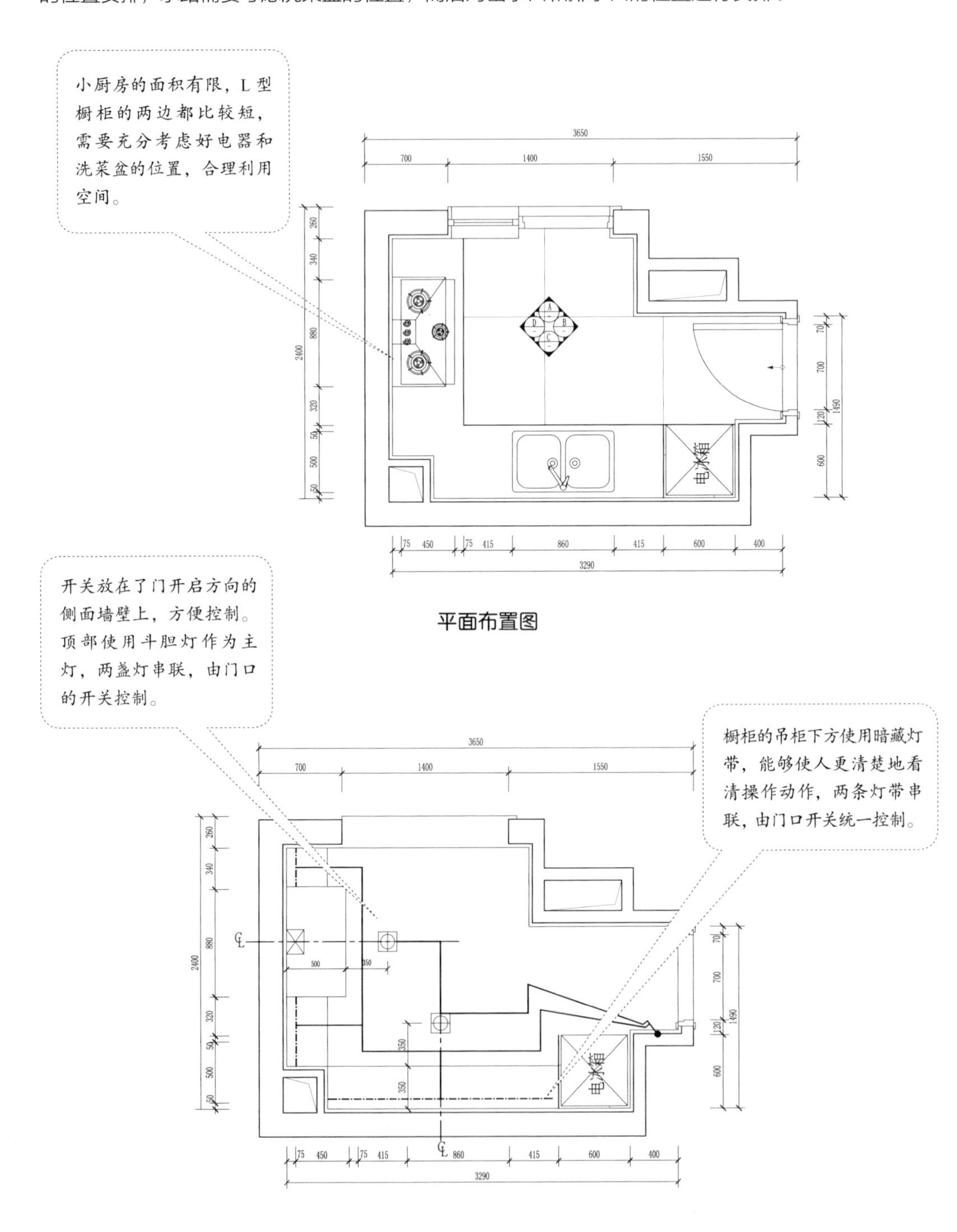

平面布置图

灯具布置图

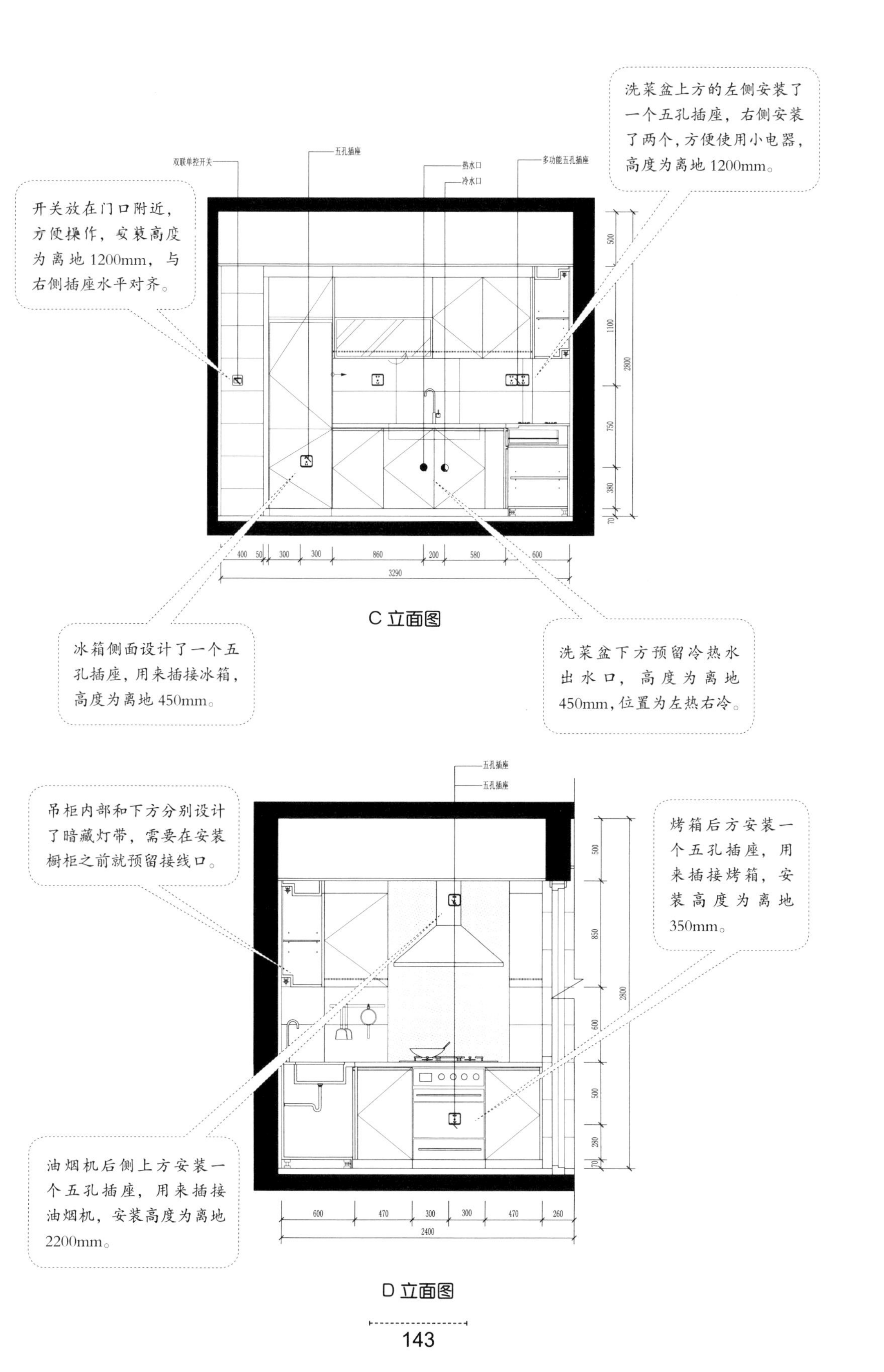

双联单控开关
五孔插座
热水口
冷水口
多功能五孔插座
开关放在门口附近，方便操作，安装高度为离地1200mm，与右侧插座水平对齐。
洗菜盆上方的左侧安装了一个五孔插座，右侧安装了两个，方便使用小电器，高度为离地1200mm。
500
1100
2800
750
380
70
400
50
300
300
860
200
580
600
3290
冰箱侧面设计了一个五孔插座，用来插接冰箱，高度为离地450mm。
洗菜盆下方预留冷热水出水口，高度为离地450mm，位置为左热右冷。

C 立面图

五孔插座
五孔插座
吊柜内部和下方分别设计了暗藏灯带，需要在安装橱柜之前就预留接线口。
烤箱后方安装一个五孔插座，用来插接烤箱，安装高度为离地350mm。
500
850
2800
600
500
280
70
油烟机后侧上方安装一个五孔插座，用来插接油烟机，安装高度为离地2200mm。
600
470
300
300
470
260
2400

D 立面图

厨房水电设计案例2—— U型橱柜厨房

U型橱柜的厨房，操作空间会充裕一些，由于烟道在侧墙，油烟机也随之安装在了窗左侧的墙面上，洗菜盆安装在了窗的一侧，与冰箱临近，方便操作。

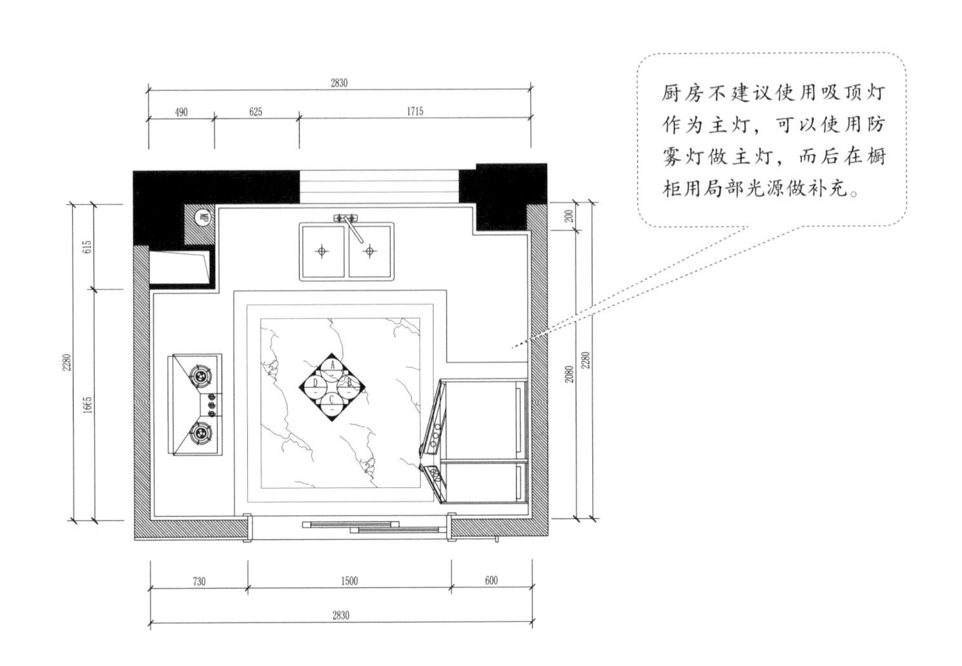

平面布置图

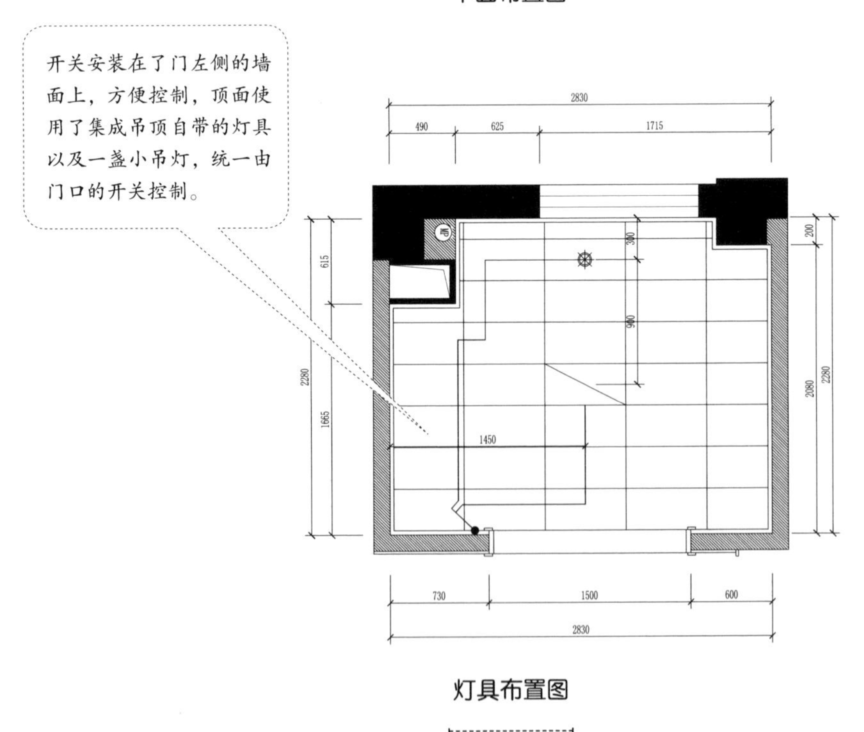

灯具布置图

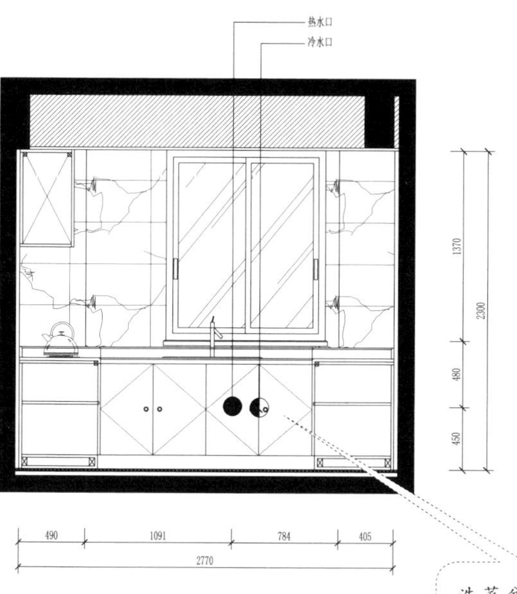

洗菜盆下方预留冷热水出水口，高度为离地450mm，位置为左热右冷。

A 立面图

冰箱左侧墙面安装了一个五孔插座和一个带开关的五孔插座，方便使用小电器，高度为离地1200mm。

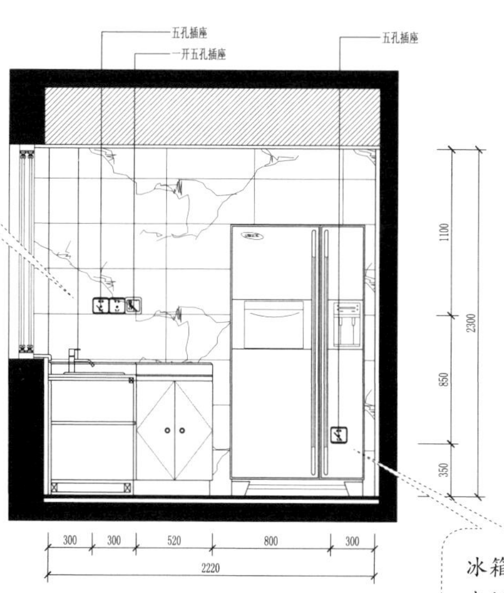

冰箱后方安装五孔插座用来插接冰箱，高度为离地350mm。

B 立面图

开关放在门的右侧，方便操作，安装高度为离地1200mm，与其他墙面上的插座水平对齐。

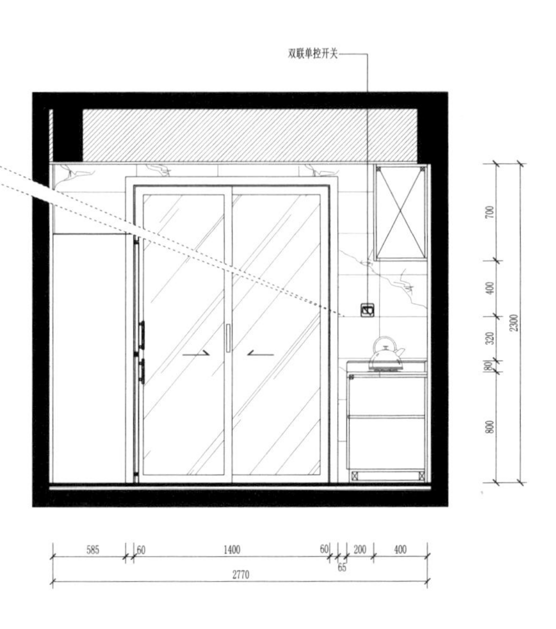

C 立面图

油烟机后侧上方安装一个五孔插座，用来插接油烟机电源线，安装高度为离地 2100mm。

消毒柜后方安装一个五孔插座，用来插接消毒柜电源线，安装高度为离地350mm。此类电器电源在定位时就需确定位置，之后安装暗盒接线。

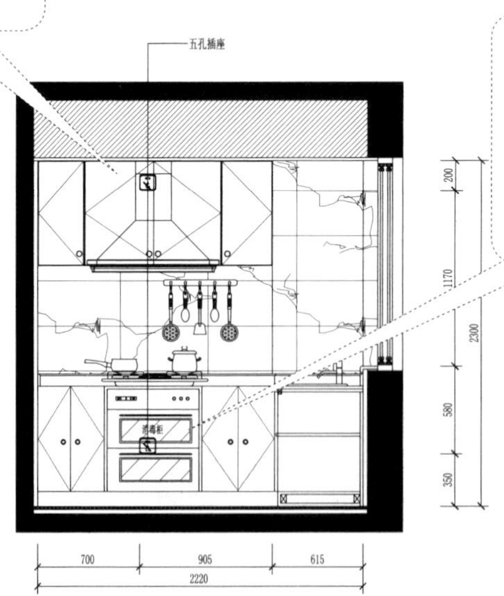

D 立面图

厨房水电设计案例3—— 不规则厨房

此案的大部分为一字型，但门口多出一块拐角，所以橱柜都安排在了门左侧的墙面上，电器的插座、洗菜盆的出水口也应安排在此墙面上。

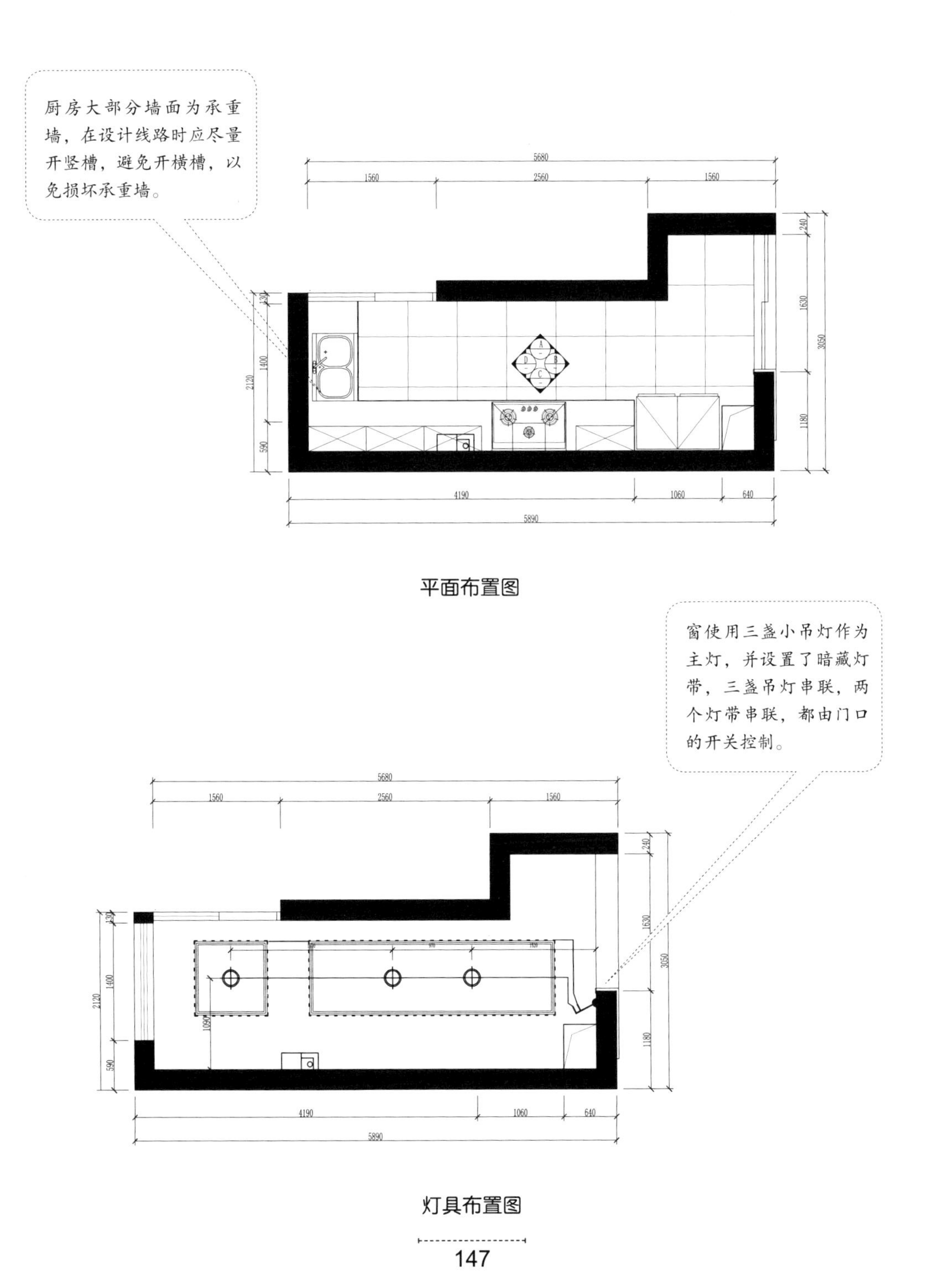

平面布置图

灯具布置图

顶面使用了两部分暗藏LED灯带，需要在定位时就确定安装位置，走线时预留接线口。

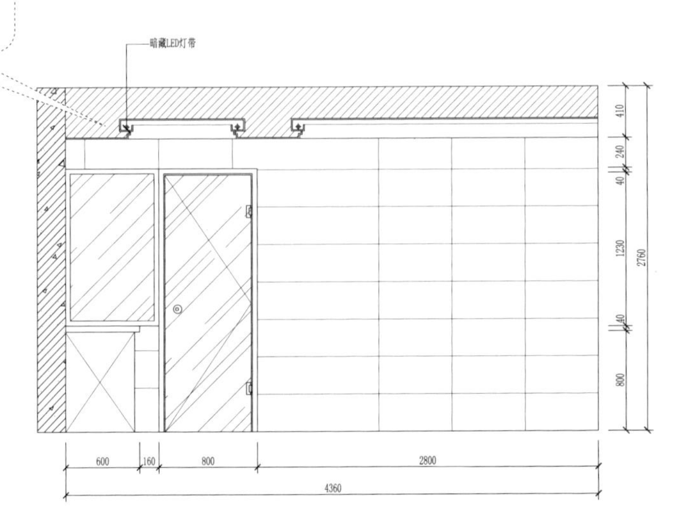

A 立面图

双联单控开关一个按键控制筒灯，另一个按键控制灯带。安装位置为推拉门左侧墙面上，高度为离地1200mm。

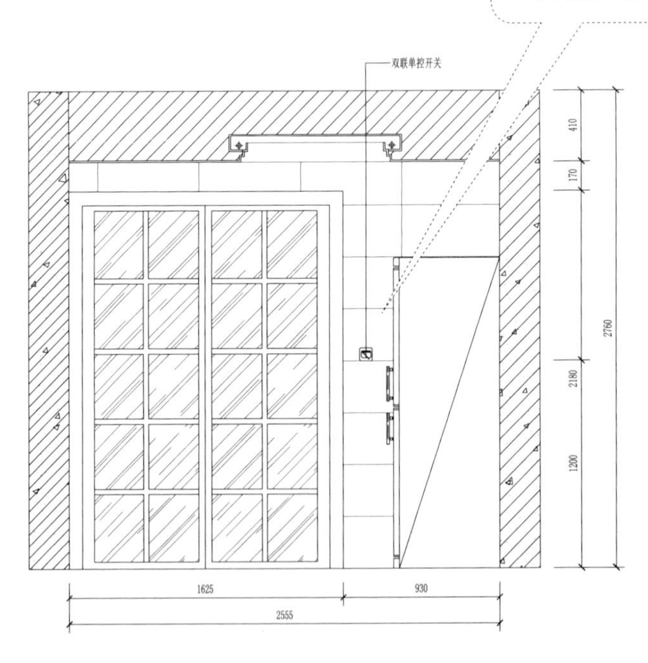

B 立面图

油烟机后侧上方安装一个五孔插座，用来插接油烟机，安装高度为离地2150mm。

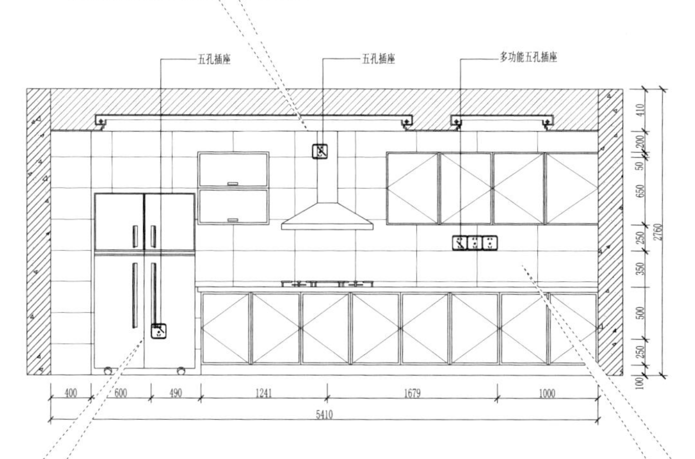

C 立面图

冰箱后面设计了一个五孔插座，用来插接冰箱，高度为离地350mm。

地柜和吊柜中间的位置安装了三个多功能五孔插座，方便使用进口小电器，高度为离地1200mm。

洗菜盆左上方安装了两个带开关的五孔插座，方便使用一些常用电器，可以用开关控制插座，高度与其他墙面插座平齐。

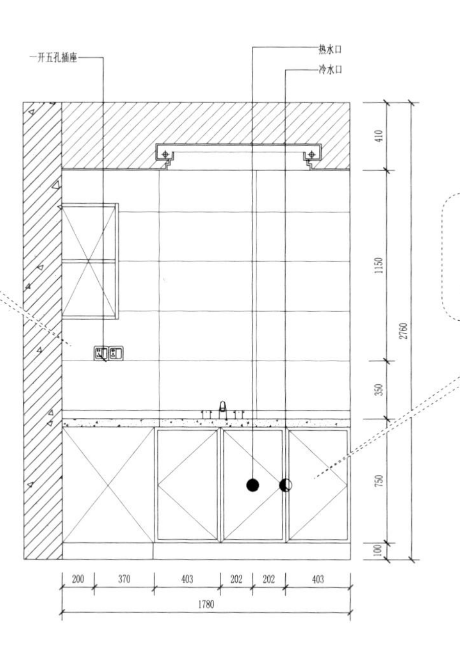

洗菜盆下方预留冷热水出水口，高度为离地450mm，位置为左热右冷。

D 立面图

厨房水电设计案例4—— 方形厨房

方形的厨房，烟道通常位于角落，燃气灶的位置应靠近烟道且避开窗的位置，因为会阻挡视线，将洗菜盆放在窗前更合理一些。

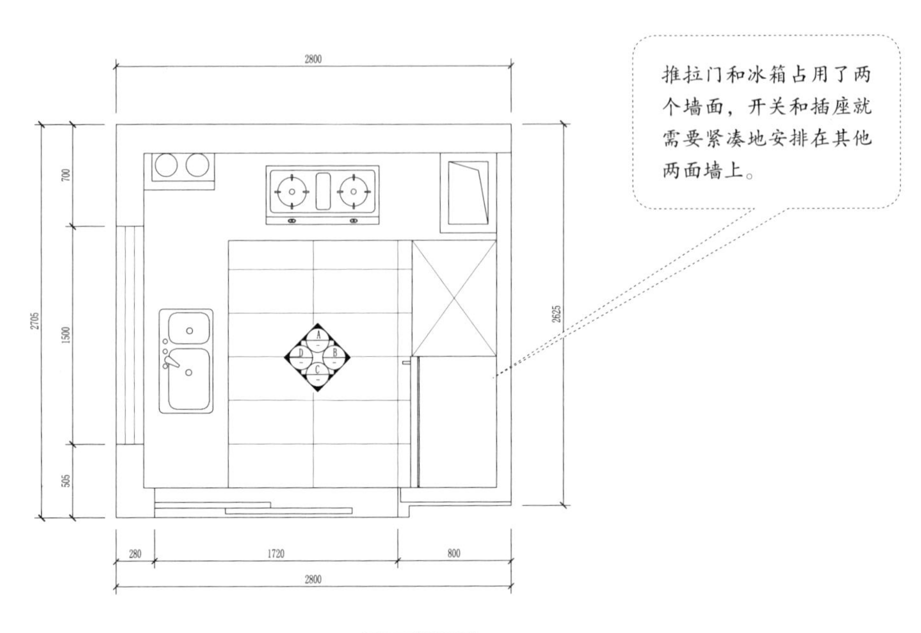

平面布置图

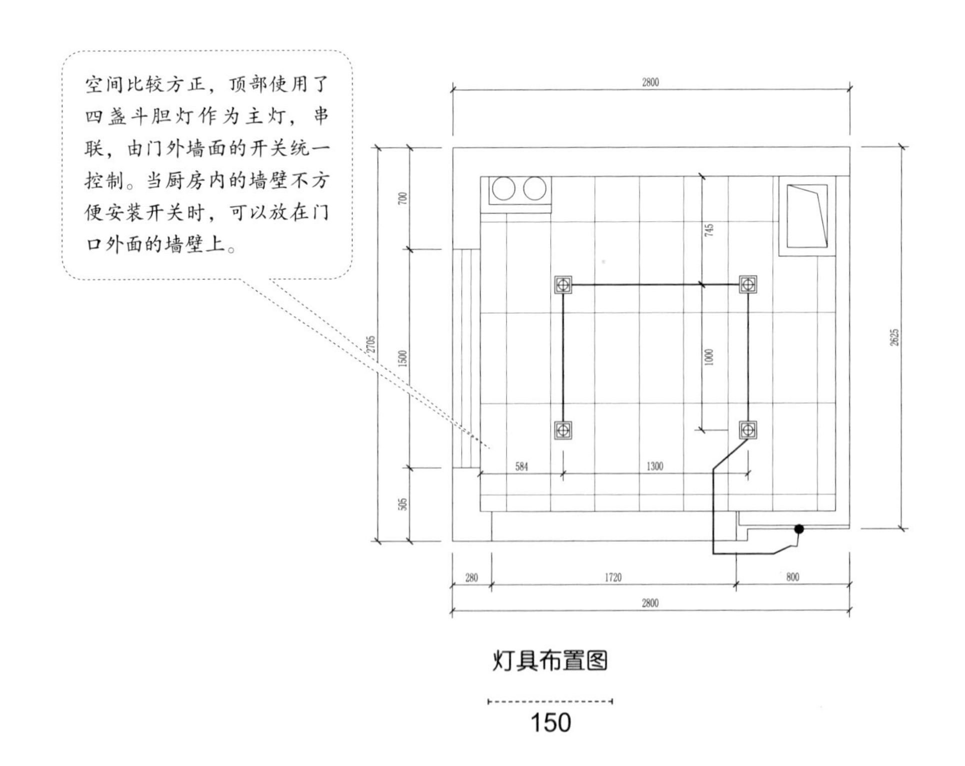

灯具布置图

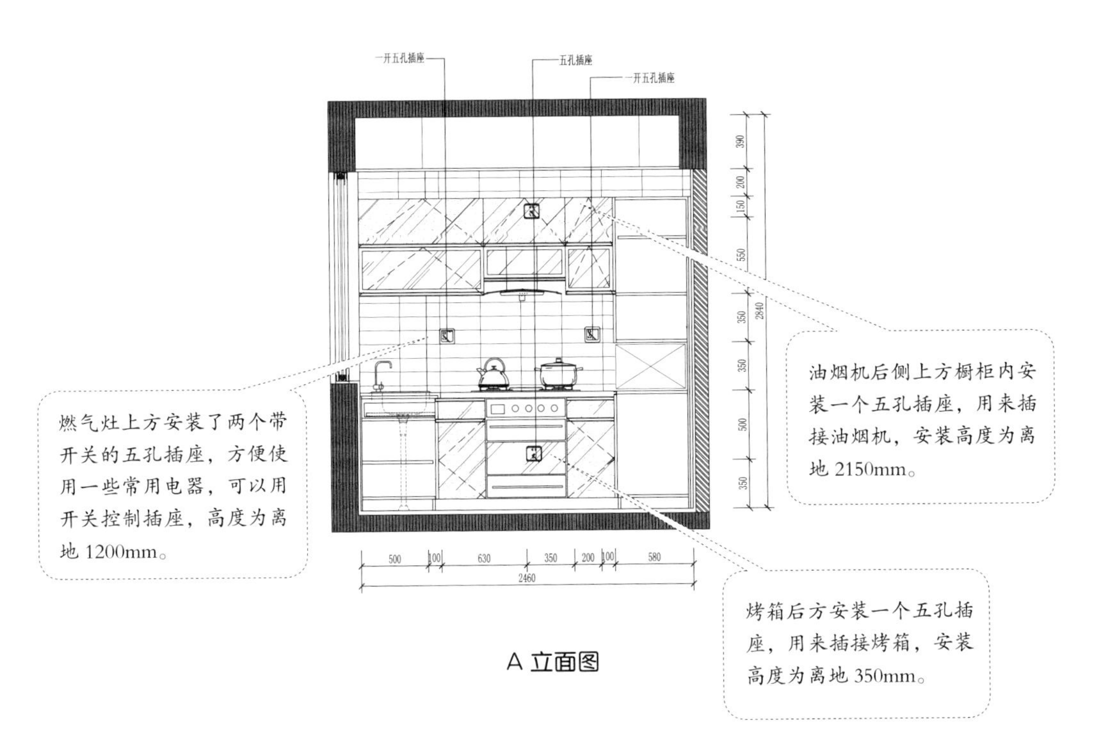
一开五孔插座
五孔插座
一开五孔插座
390
200
150
550
350
2840
350
500
350
500
100
630
350
200
100
580
2460
燃气灶上方安装了两个带开关的五孔插座，方便使用一些常用电器，可以用开关控制插座，高度为离地 1200mm。
油烟机后侧上方橱柜内安装一个五孔插座，用来插接油烟机，安装高度为离地 2150mm。
烤箱后方安装一个五孔插座，用来插接烤箱，安装高度为离地 350mm。

A 立面图

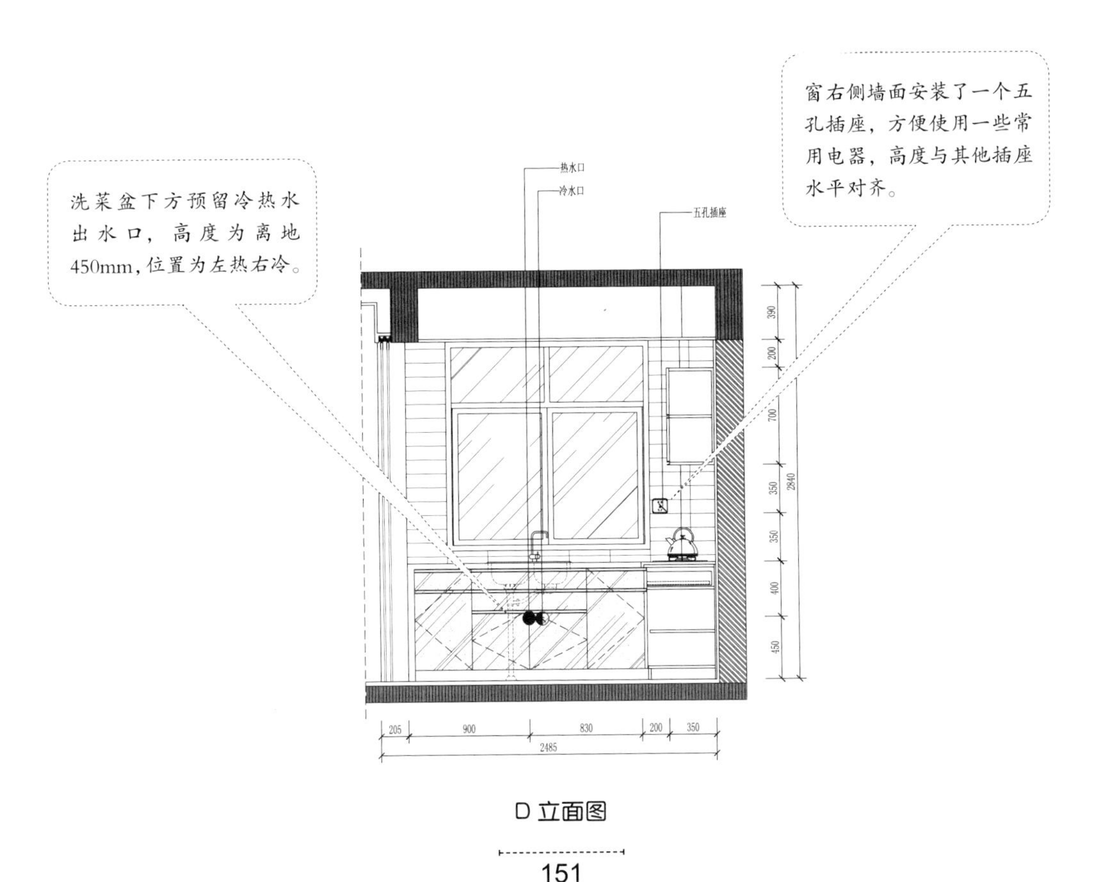
热水口
冷水口
五孔插座
390
200
700
350
2840
350
400
450
205
900
830
200
350
2485
洗菜盆下方预留冷热水出水口，高度为离地 450mm，位置为左热右冷。
窗右侧墙面安装了一个五孔插座，方便使用一些常用电器，高度与其他插座水平对齐。

D 立面图

厨房水电设计案例5—— 长方形厨房

长方形的厨房去掉推拉门的位置后，剩余的墙面仍然非常规整，不论是水路还是电路都很好安排，此案洗菜盆靠近冰箱，燃气灶靠近烟道，水口和插座跟随它们安排即可。

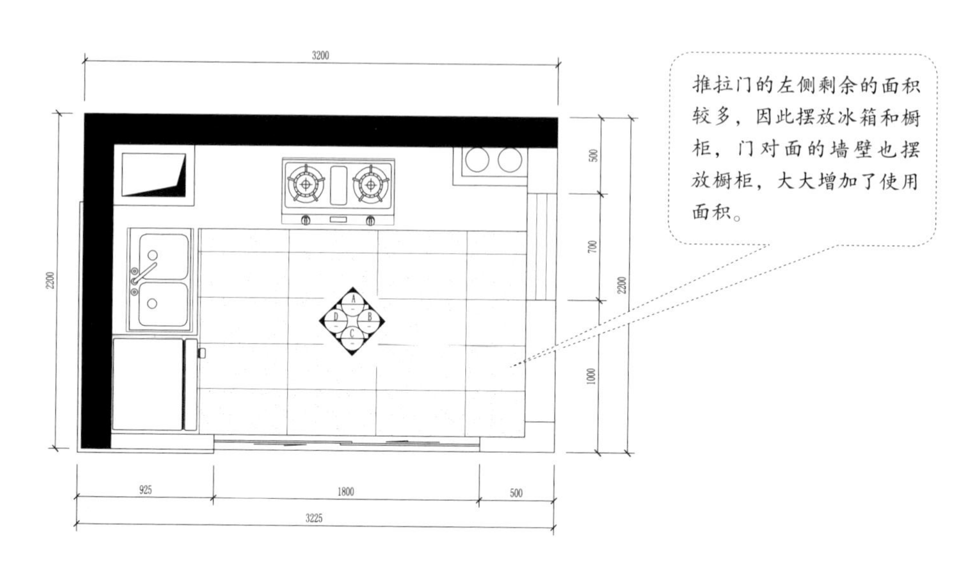

平面布置图

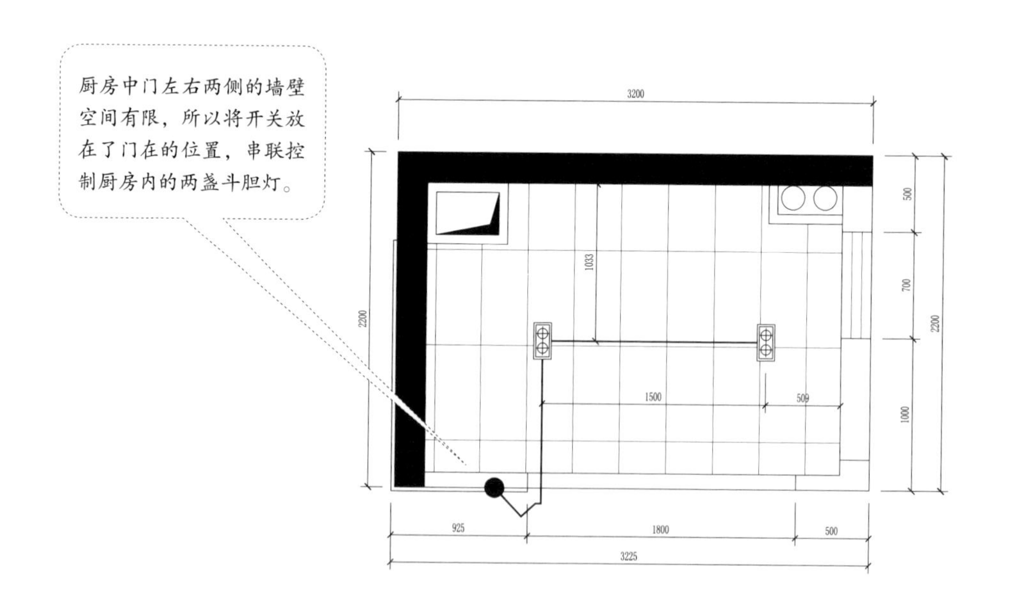

灯具布置图

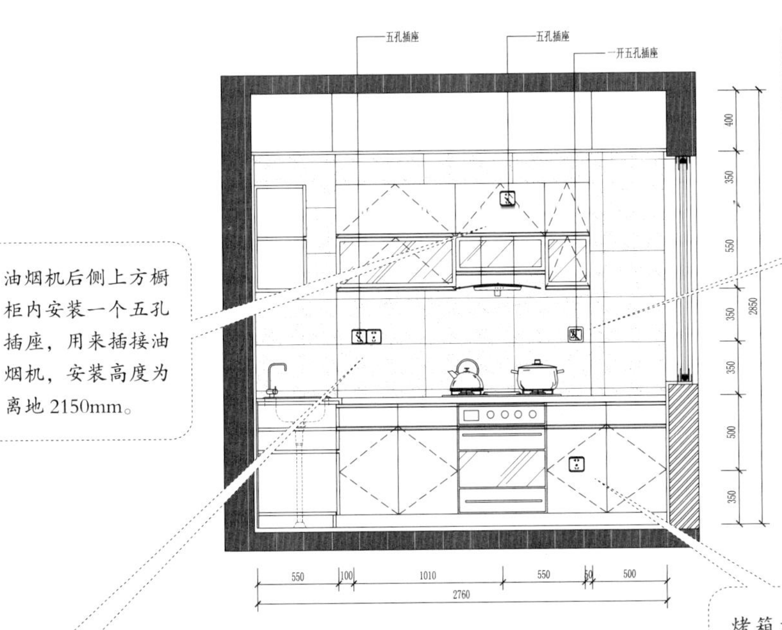

油烟机后侧上方橱柜内安装一个五孔插座，用来插接油烟机，安装高度为离地 2150mm。

带开关的插座可以通过开关控制电器电流的通、断，在厨房很适合一些常用的电器，比如电饭煲。

燃气灶左上方安装了两个带开关的五孔插座，方便使用一些常用电器，可以用开关控制插座，高度为离地 1200mm。

烤箱右侧橱柜中安装一个五孔插座，用来插接烤箱，安装高度为离地 350mm。

A 立面图

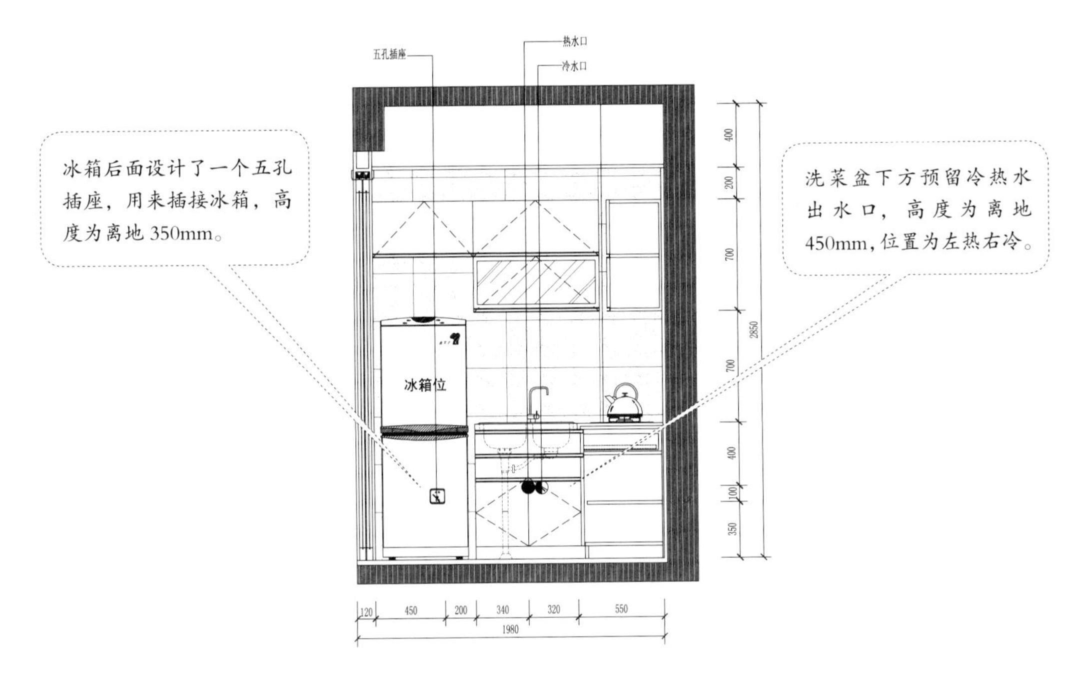

冰箱后面设计了一个五孔插座，用来插接冰箱，高度为离地 350mm。

洗菜盆下方预留冷热水出水口，高度为离地 450mm，位置为左热右冷。

B 立面图

厨房水电设计案例6—— 一字型厨房

虽然是一字型但宽度足够，因此两侧墙面都安排了橱柜，以增大操作空间，燃气灶和洗菜盆分开，安全性更高一些，也方便管道的敷设。

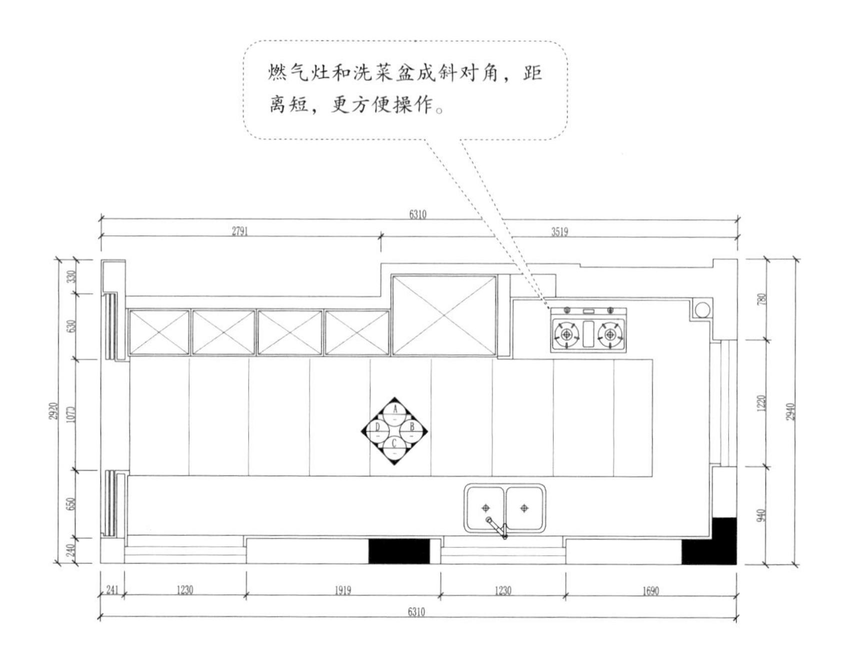

平面布置图

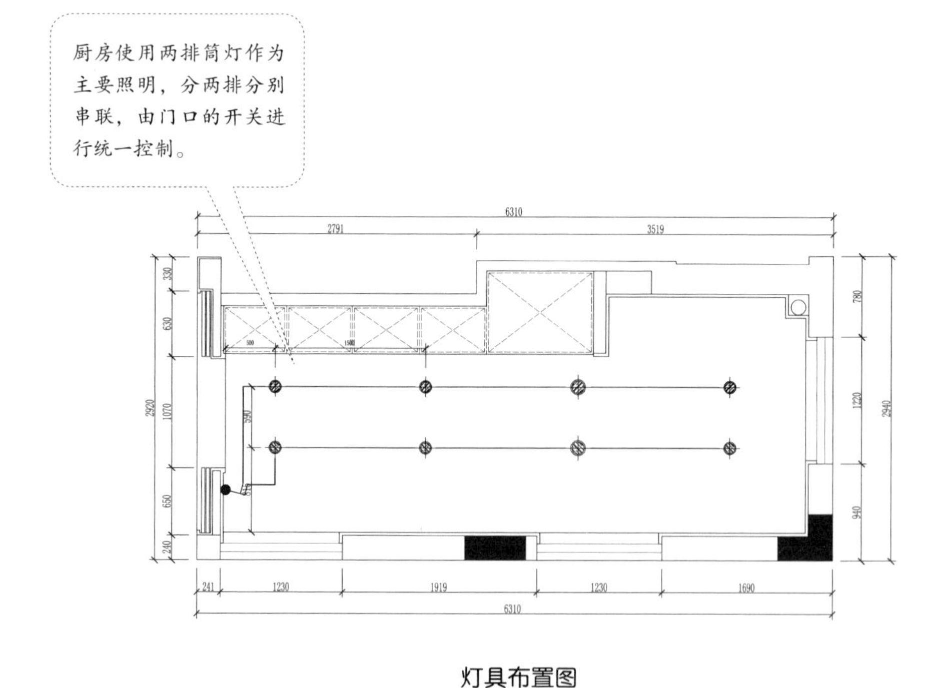

灯具布置图

微波炉右侧橱柜中安装一个五孔插座，用来插接微波炉，安装高度为离地1200mm。

油烟机后侧上方橱柜内安装一个五孔插座，用来插接油烟机，安装高度为离地2100mm。

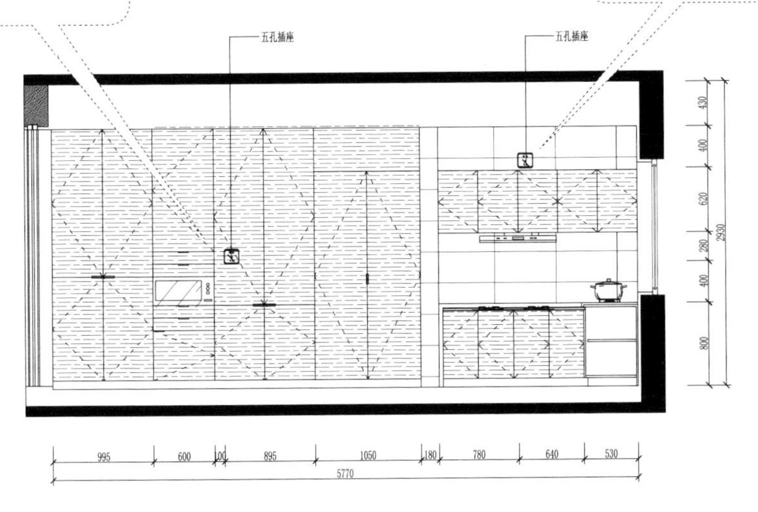

A 立面图

窗右侧墙面安装了两个带开关的五孔插座，方便使用一些常用电器，可以用开关控制插座，高度为离地1200mm。

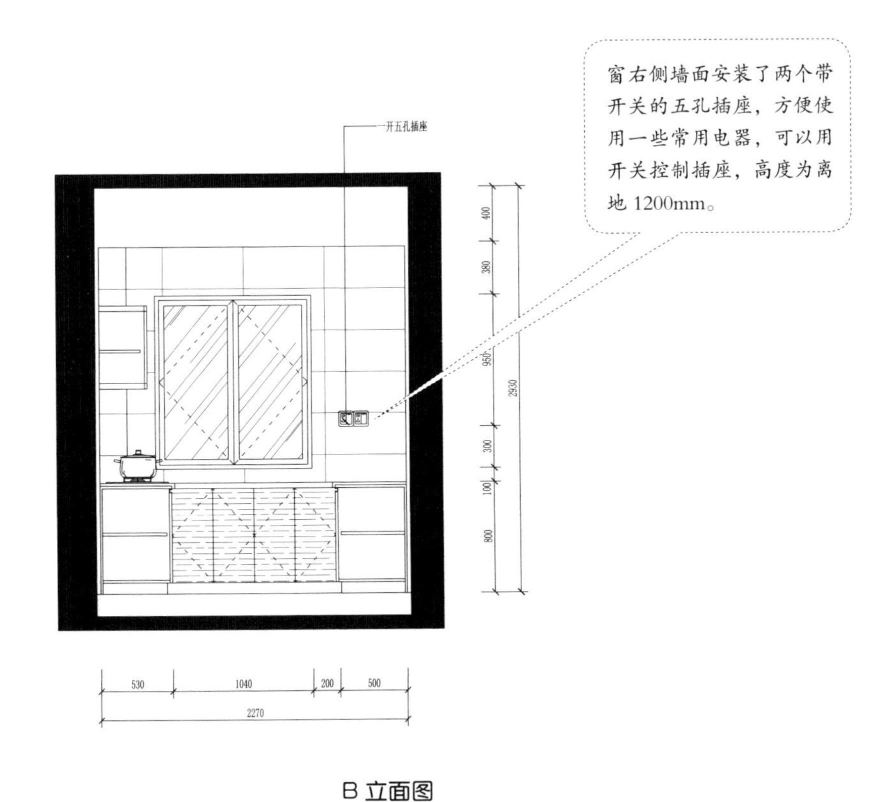

B 立面图

两扇窗中间的位置安装了三个多功能五孔插座，方便使用进口小电器，高度为离地 1200mm。

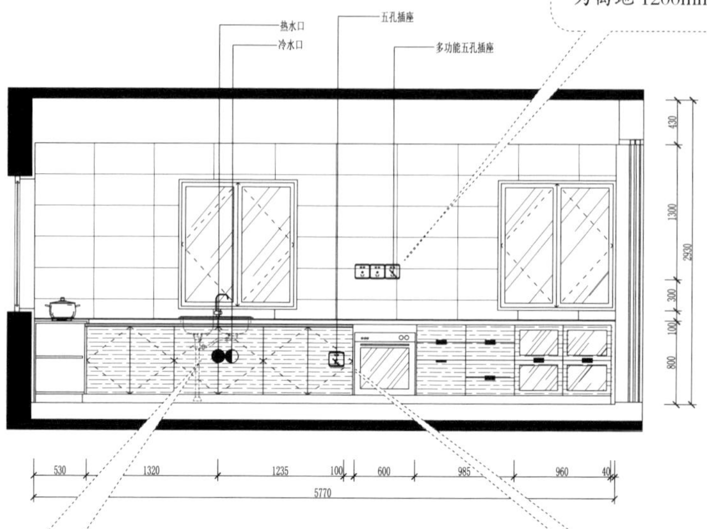

C 立面图

洗菜盆下方预留冷热水出水口，高度为离地 450mm，位置为左热右冷。

烤箱右侧橱柜中安装一个五孔插座，用来插接烤箱电源，安装高度为离地 350mm。

双联单控开关分别控制两列筒灯。安装位置为推拉门左侧墙面上，高度为离地 1200mm。

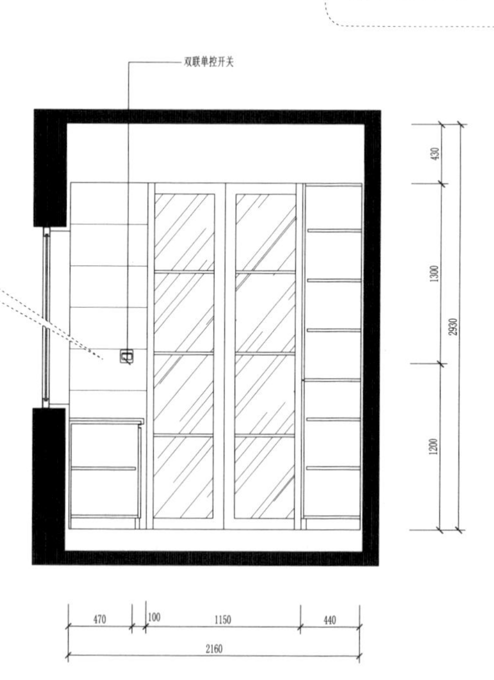

D 立面图

4.7 卫浴间水电设计

电路安装位置及要求

1. 照明

开关：安装高度为距离地面1300～1400mm，安装在门开启的一侧。建议安装防溅水开关，防水盒选择深度较浅的款式。

顶灯：应安装在顶面的中央位置上，如果房间形状不规则，可安装在相对中央的位置上。建议选择防水、防雾的灯具，通常安装一个，面积大可以安装两个位置等分。浴霸安装在淋浴的后方位置上，顶灯、换气扇和浴霸分开控制。

暗藏灯：根据浴柜的款式，上方如果为镜箱，且没有镜前灯，可以安装在镜箱下沿内，款式选择灯管。

镜前灯：位置为浴室镜的上方正中央，镜前灯出线口距离地面为2100～2250mm。

射灯：可以安装在坐便器上方，作为装饰灯具或阅读照明。必须选择具有防水灯罩的款式。

壁灯：可以安装在镜子两侧的墙面上，出线口距地面2100mm。

2. 强电

插座：坐便器插座距离地面300～350mm，要求带防水盒。吹风机等插座与开关高度平齐。

空调：通常不建议安装。

3. 弱电

背景音乐：安装在墙面或者顶面，建议安装两个喇叭。

暖气安装位置及要求

暖气：卫浴间中的暖气散热片高度选择600mm的为佳，也可以选择背篓式暖气。

水路安装位置及要求

坐便器和妇洗器：坐便器两侧预留冷水口和中水口，妇洗器预留冷水口和热水口，高度距离地面300mm左右。

洗浴：普通花洒冷热水口距离地面1000～1100mm；普通浴缸冷热水口距离地面700～750mm；按摩浴缸冷热水口距离地面150～300mm。

洗面盆：冷热水口距离地面500～550mm，方向为左热右冷。

卫浴间水电设计案例1—— 使用按摩浴缸的卫浴间

使用按摩浴缸，出水口和普通浴缸的高度有差别，需要在定位时就确定浴缸的位置，而后制定出水口的高度。

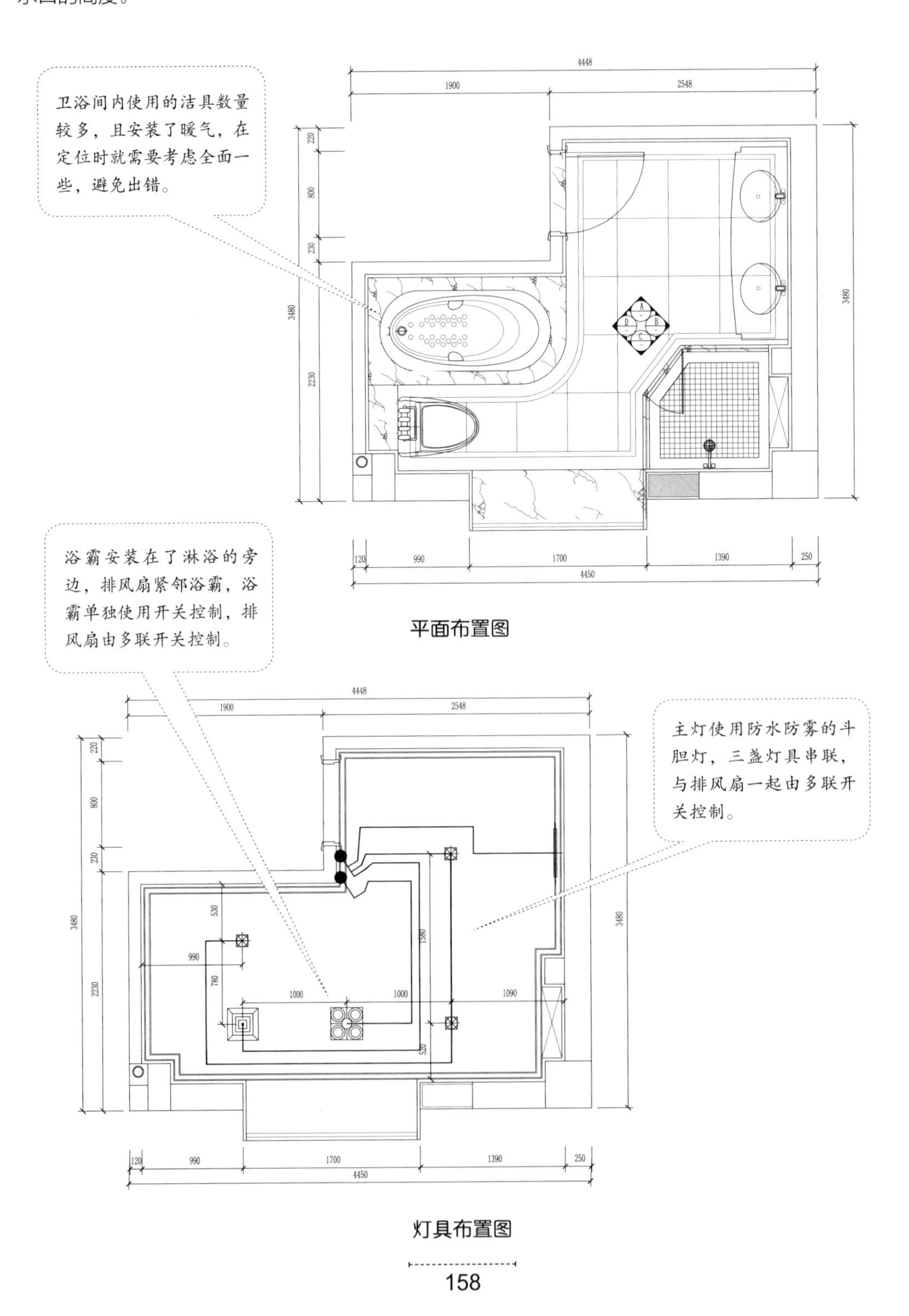

平面布置图

灯具布置图

洗面盆左侧的墙壁上安装两个防水五孔插座，方便使用一些小电器，如吹风机和刮胡刀，高度为离地1150mm。

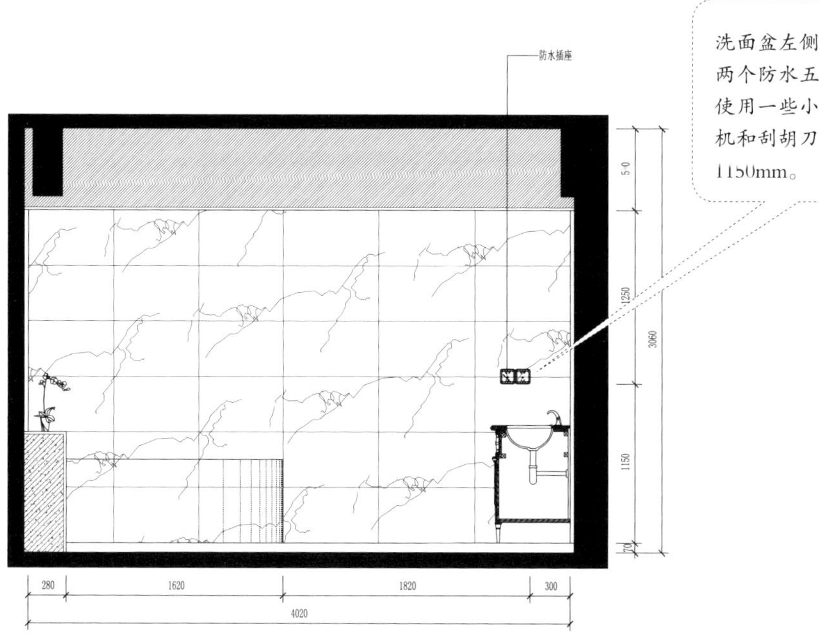

A 立面图

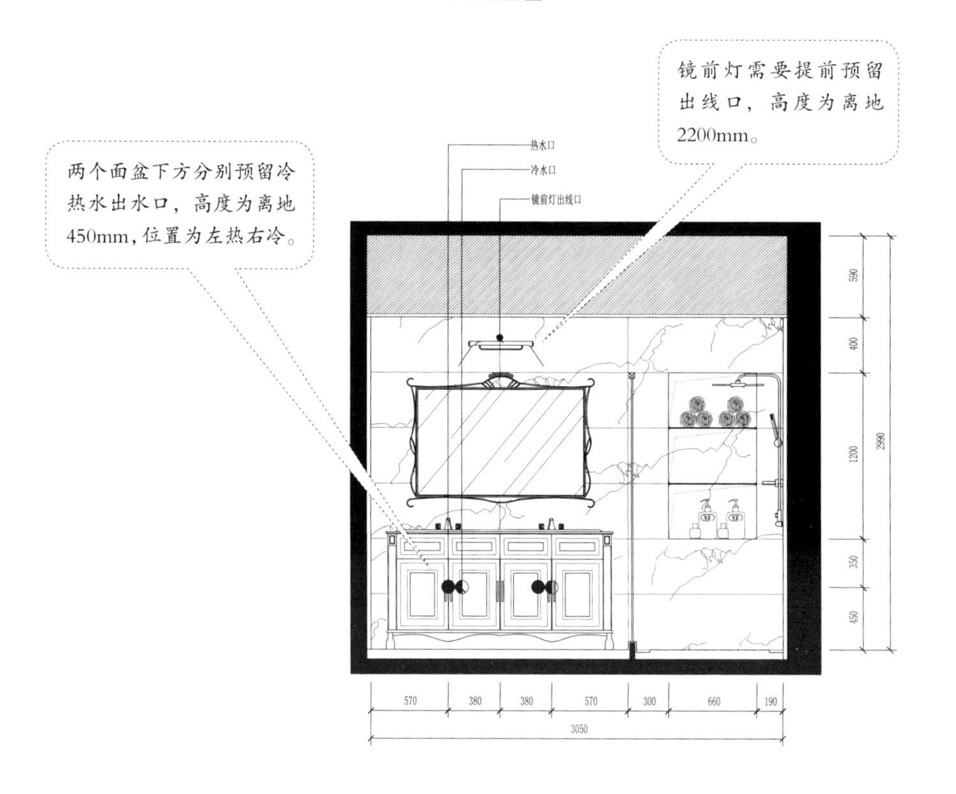

B 立面图

安装花洒的位置上需要预留冷热水出水口，高度为离地 1000mm，位置为左热右冷。

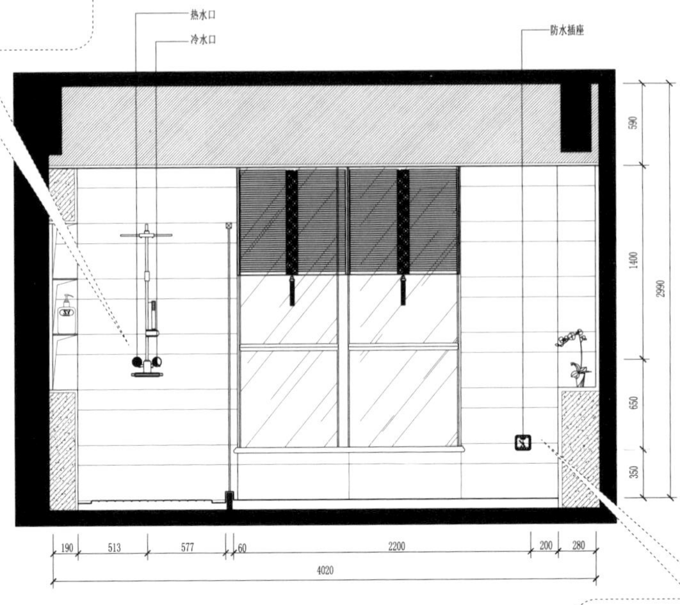

坐便器的侧墙挨近坐便器的位置安装一个防水插座，用来插接智能坐便器的电线插头，安装高度为离地 350mm。

C 立面图

卫生间建议使用小型悬挂式暖气，安装高度为底沿距离地面 1000mm 左右，散热片高度为 600mm。

坐便器后方墙面上左右两侧分别需要预留冷水口和中水口，高度为离地 300mm。

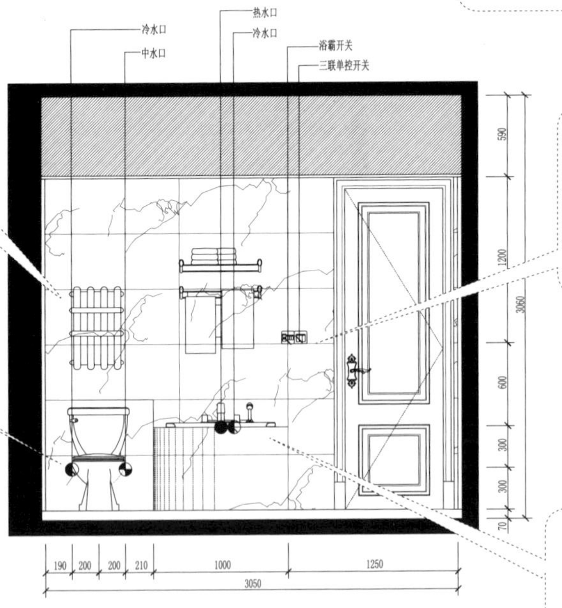

门开启方向的墙面上安装浴霸和灯具控制开关，高度为离地 1200mm。

浴缸需要预留冷热出水口，需要提前安排。

D 立面图

卫浴间水电设计案例2—— 不规则卫浴间

户型不规则的卫浴间，如果计划使用淋浴房，尽量安排靠墙角的位置放置，为坐便器和洗面盆预留足够的安装位置。

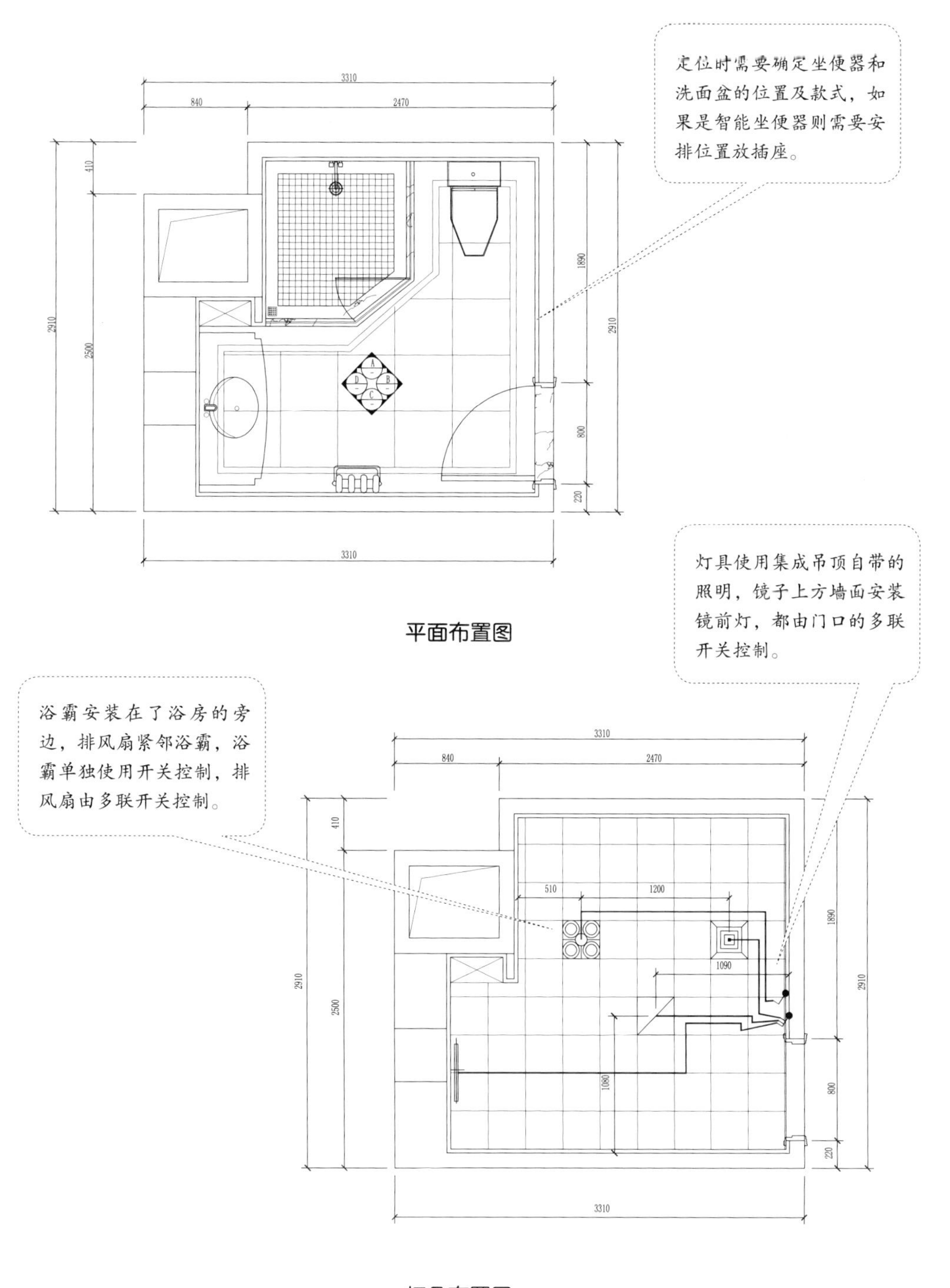

平面布置图

灯具布置图

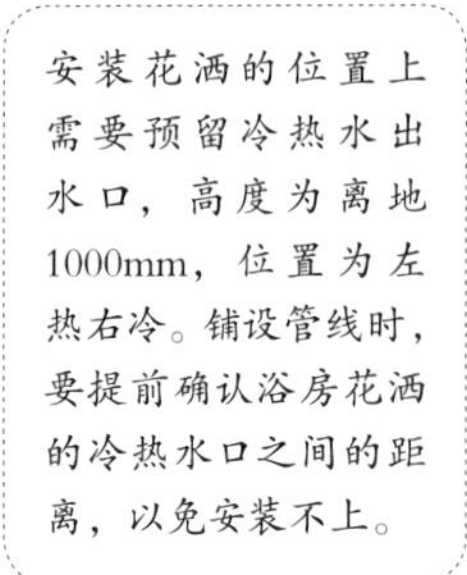

安装花洒的位置上需要预留冷热水出水口，高度为离地1000mm，位置为左热右冷。铺设管线时，要提前确认浴房花洒的冷热水口之间的距离，以免安装不上。

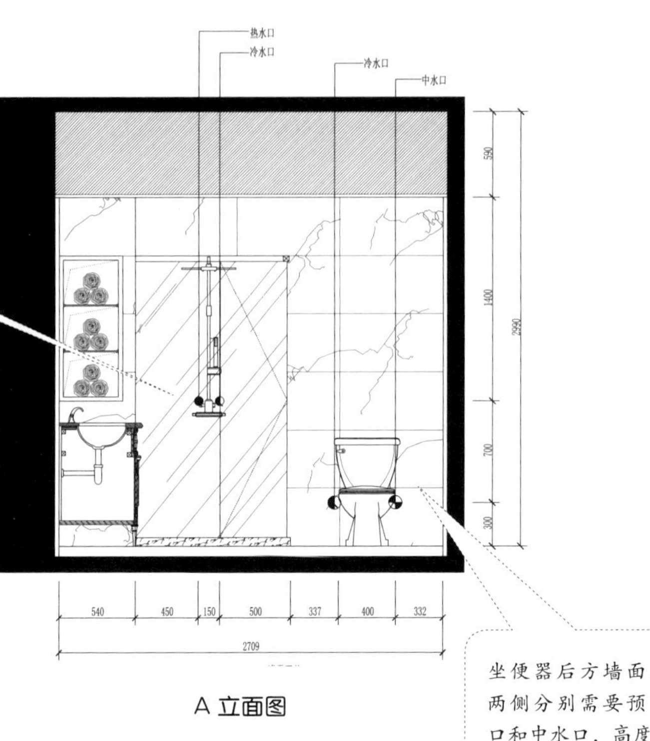

坐便器后方墙面上左右两侧分别需要预留冷水口和中水口，高度为离地300mm。

A 立面图

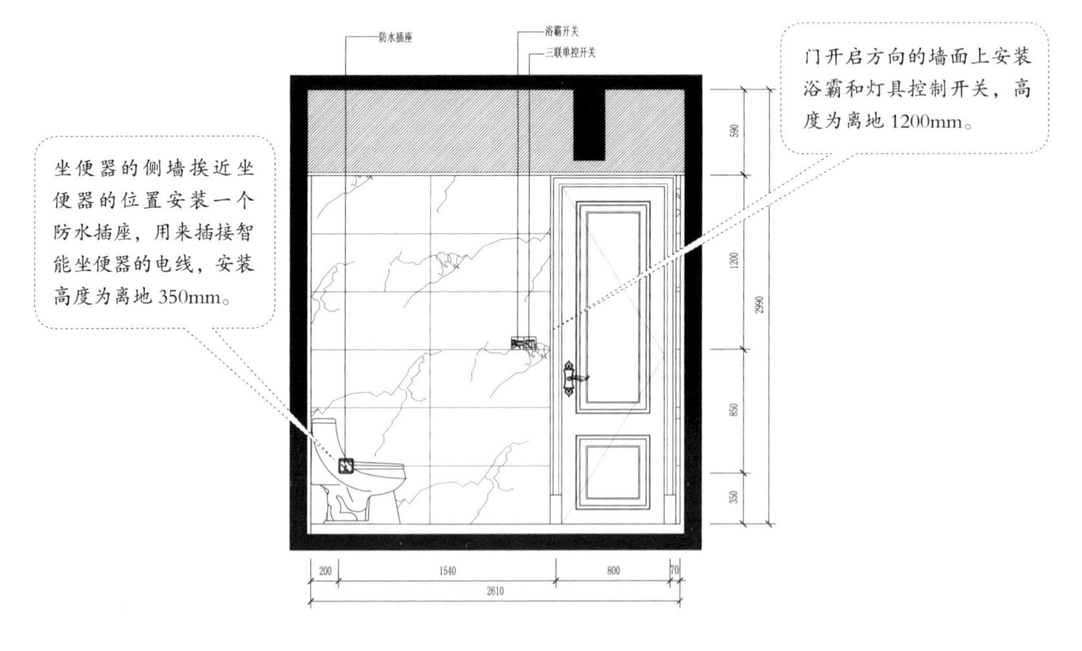

门开启方向的墙面上安装浴霸和灯具控制开关，高度为离地1200mm。

坐便器的侧墙挨近坐便器的位置安装一个防水插座，用来插接智能坐便器的电线，安装高度为离地350mm。

B 立面图

洗面盆左侧的墙壁上安装两个防水五孔插座，方便使用一些小电器，如吹风机或者刮胡刀，高度为离地 1150mm。

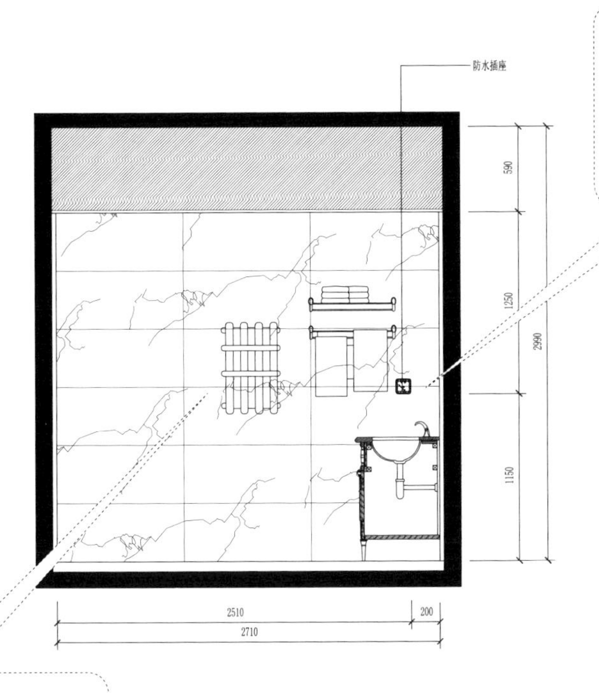

小型悬挂式暖气，安装在较为宽敞的墙面上，安装高度为底沿距离地面 1100mm，散热片高度为 600mm。

C 立面图

镜前灯需要提前预留出线口，高度为离地 2200mm。

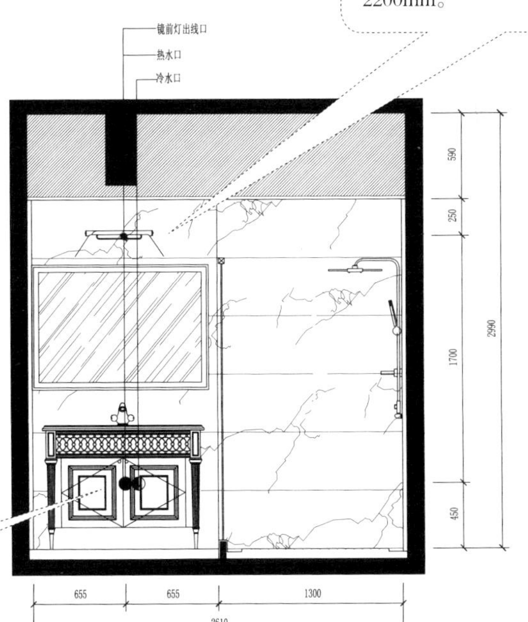

面盆下方预留冷热水出水口，高度为离地 450mm，位置为左热右冷。

D 立面图

卫浴间水电设计案例3—— 长方形卫浴间

规整的长方形卫浴间比较容易规划，首先确定是使用浴缸还是淋浴，淋浴可以根据空间面积选择做干湿分离，之后在其他位置上安排坐便器和洗面盆的位置。

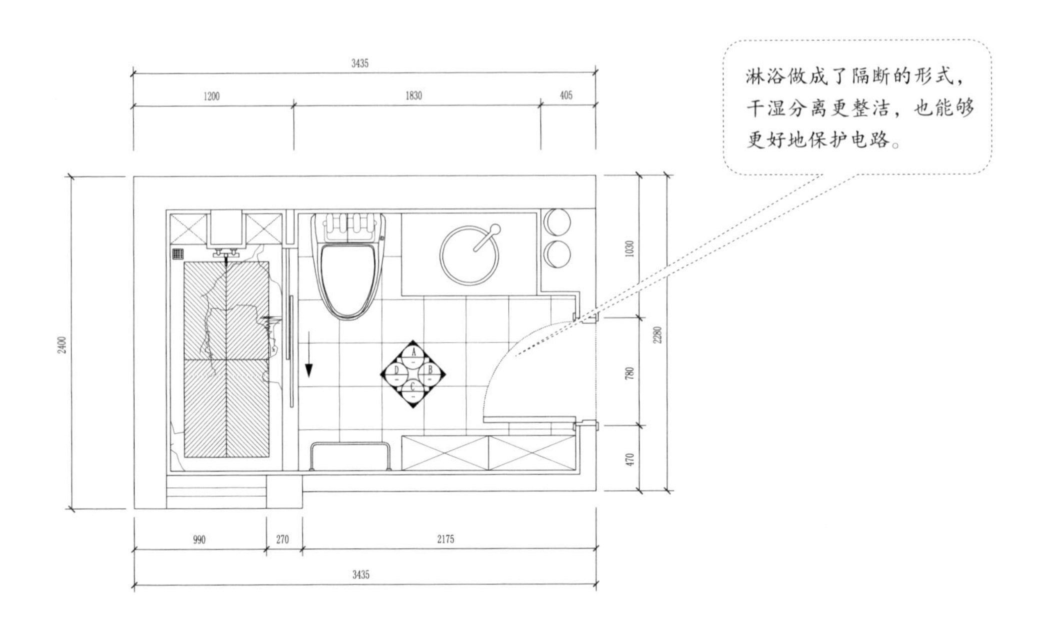

平面布置图

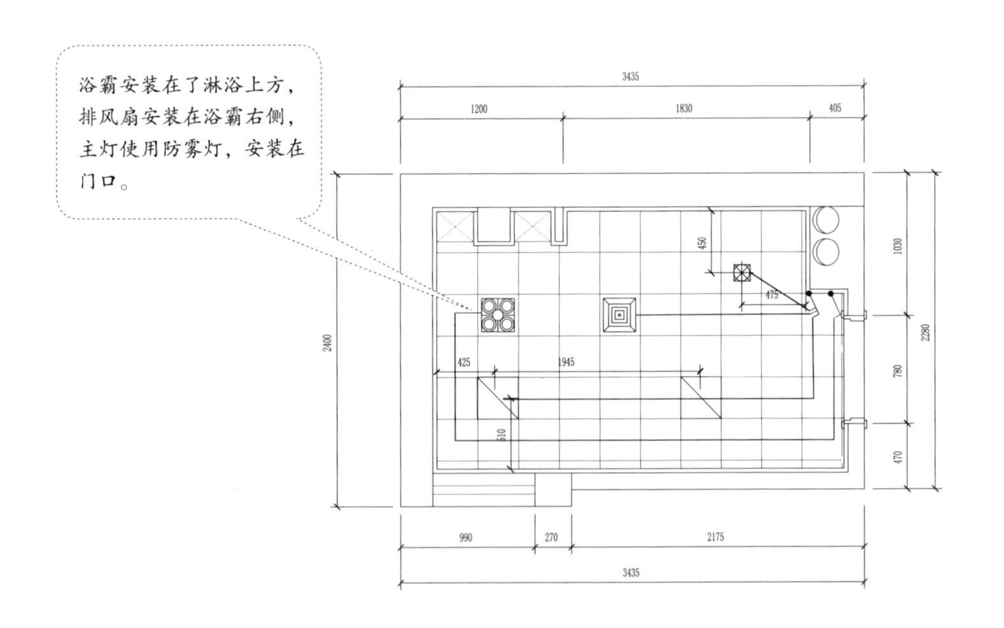

灯具布置图

安装花洒的位置上需要预留冷热水出水口，高度为离地 1000mm，位置为左热右冷。

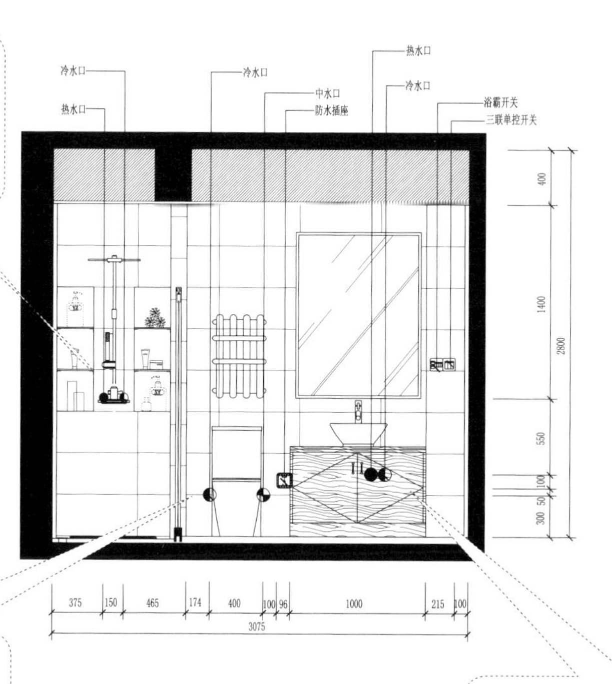

坐便器后方墙面上左右两侧分别需要预留冷水口和中水口，高度为离地 300mm。右侧墙面安装防水插座，用来插接智能坐便器的电线，安装高度为离地 350mm。

A 立面图

洗面盆下方预留冷热水出水口，高度为离地 450mm，位置为左热右冷。

面盆左侧的墙壁上安装两个防水五孔插座，方便使用一些小电器，如吹风机和刮胡刀，高度为离地 1150mm。

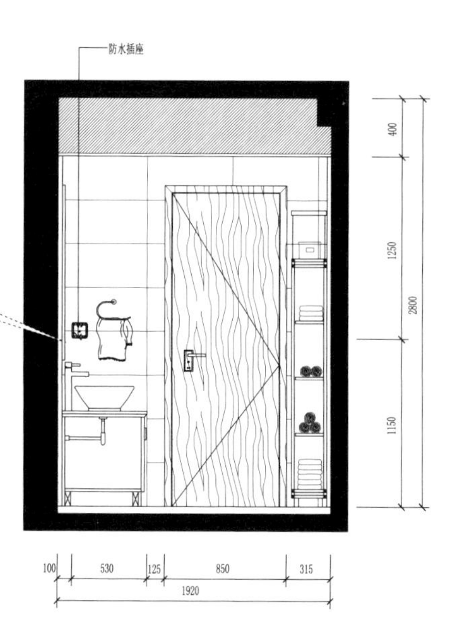

B 立面图

卫浴间水电设计案例4—— 使用整体浴房的卫浴间

使用整体浴房需要特别注意浴房的排水，在水路定位时就应确定浴房的摆放位置，而后预留排水口，以便排水。

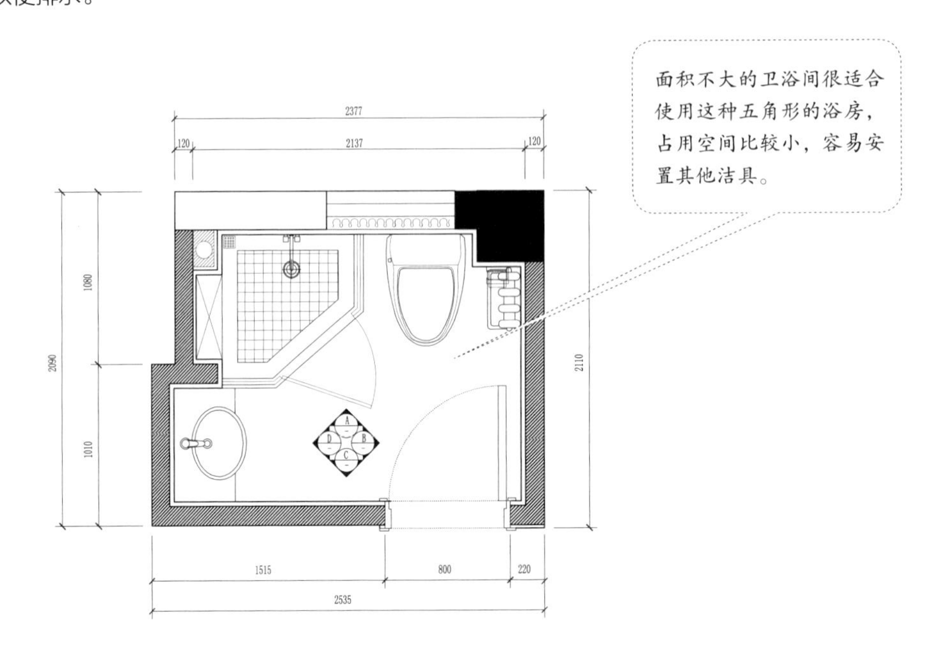

平面布置图

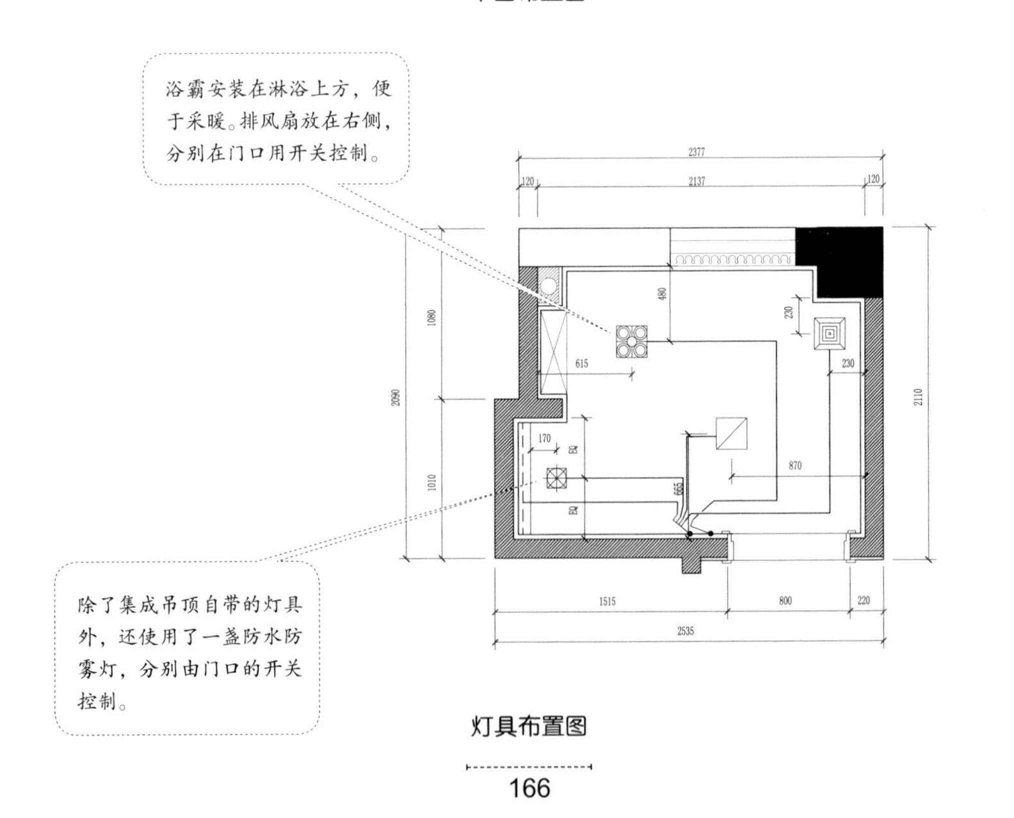

灯具布置图

安装花洒的位置上需要预留冷热水出水口，高度为离地1000mm，位置为左热右冷。

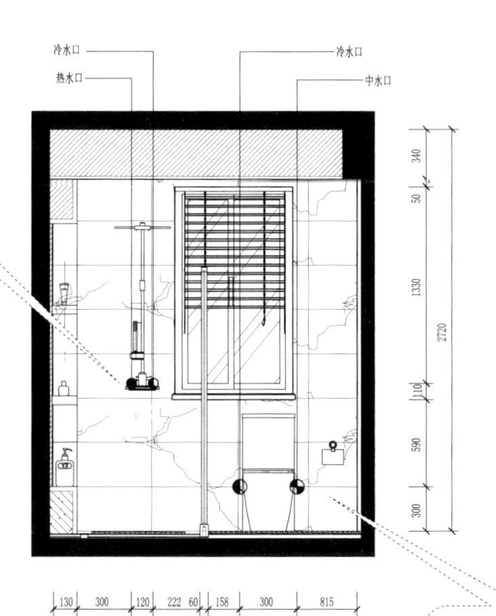

坐便器后方墙面上左右两侧分别需要预留冷水口和中水口，高度为离地300mm。

A 立面图

门开启方向的墙面右侧安装浴霸、排风扇和灯具控制开关，高度为离地1200mm。

洗面盆左侧的墙壁上安装两个防水五孔插座，方便使用一些小电器，如吹风机和刮胡刀，高度为离地1150mm。

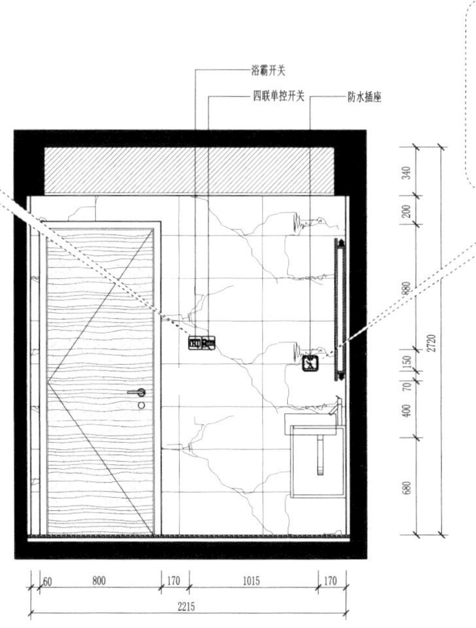

C 立面图

卫浴间水电设计案例5—— 使用普通浴缸的卫浴间

普通浴缸的出水口高为500mm左右，需要提前确定浴缸的安装位置，预留出水口的位置，同时确定冷热水口之间的距离，避免水龙头上的距离与预留的不符。

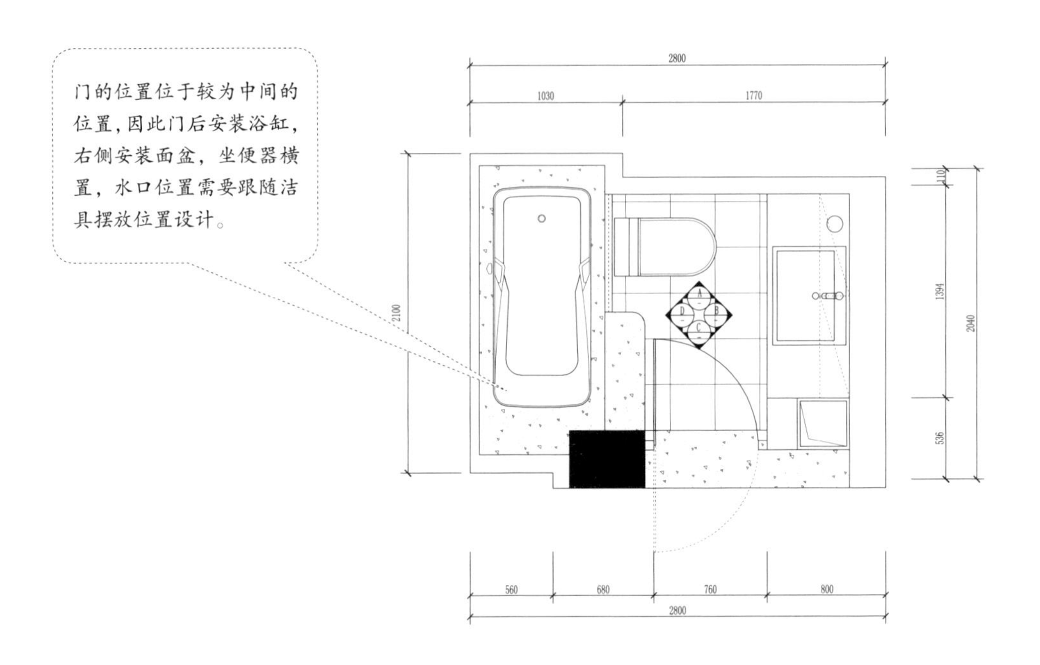

平面布置图

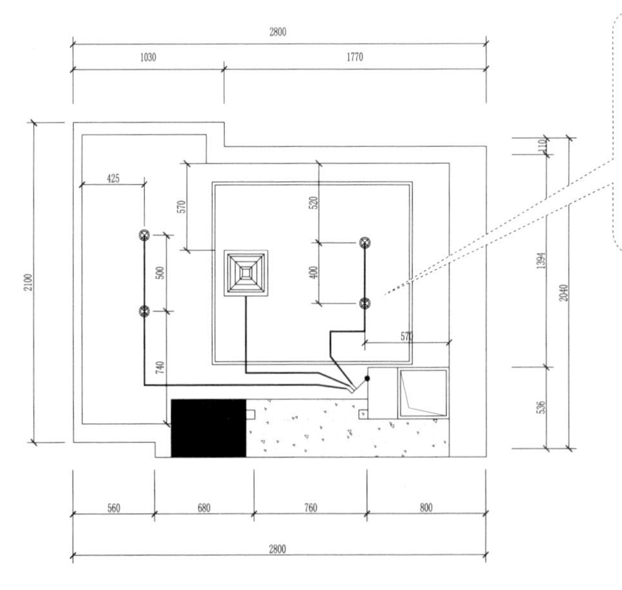

没有使用浴霸，将排风扇安装在了顶部中央的位置，利于排除湿气。采用防雾筒灯作为主灯，分别安装在浴缸和面盆上方。灯具分为两路，与排风扇一起由门口的三联单控开关控制。

灯具布置图

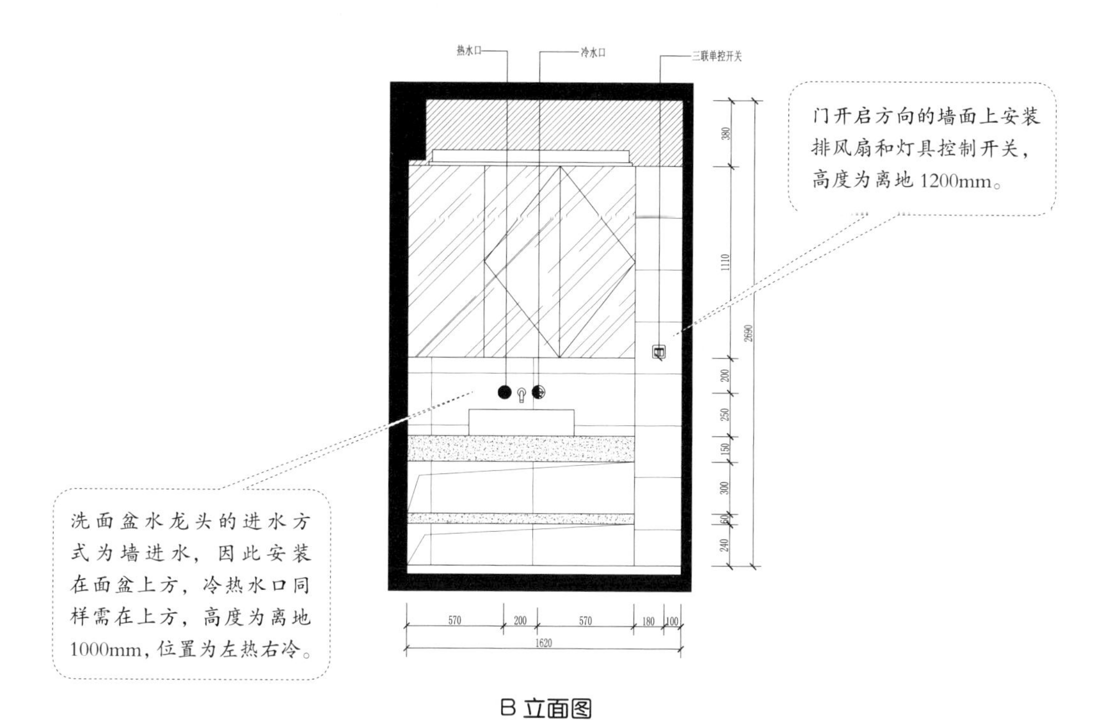
热水口
冷水口
三联单控开关
门开启方向的墙面上安装排风扇和灯具控制开关，高度为离地1200mm。
洗面盆水龙头的进水方式为墙进水，因此安装在面盆上方，冷热水口同样需在上方，高度为离地1000mm，位置为左热右冷。
380
1110
2690
200
250
150
300
60
240
570
200
570
180
100
1620

B 立面图

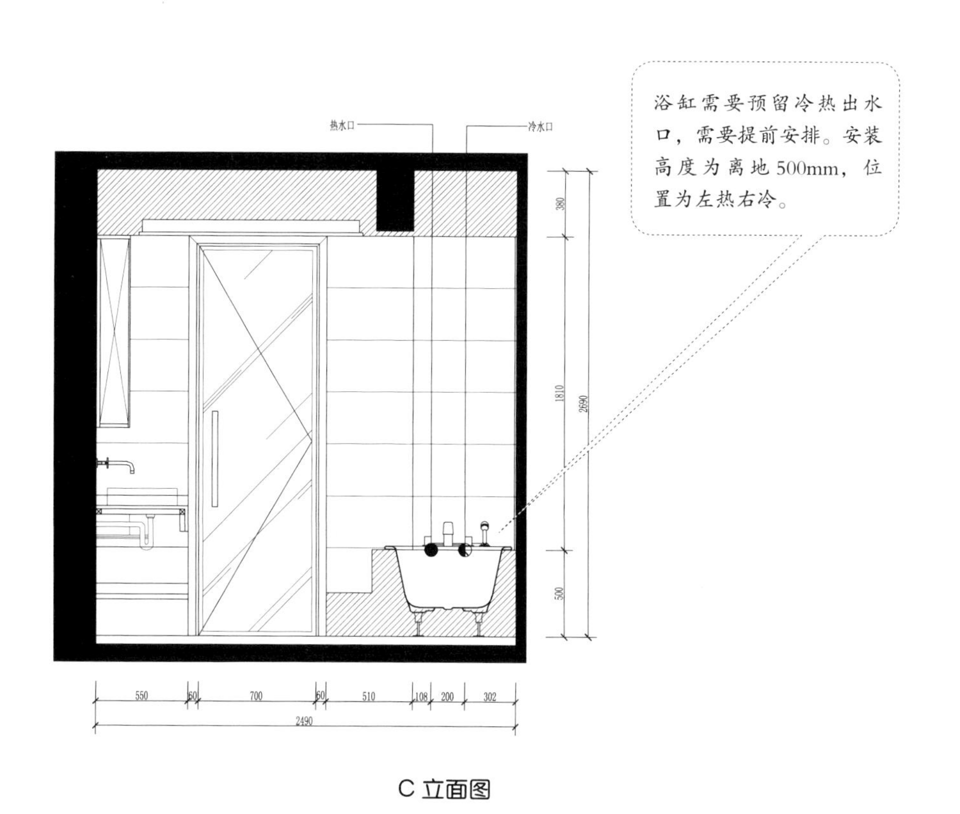
浴缸需要预留冷热出水口，需要提前安排。安装高度为离地500mm，位置为左热右冷。
热水口
冷水口
380
1810
2690
500
550
60
700
60
510
108
200
302
2490

C 立面图

卫浴间水电设计案例6—— 带淋浴隔断的卫浴间

预计安装淋浴隔断，首先应确定淋浴的位置，而后确定地漏的位置，需要提前预留排水口和出水口。而后安排坐便器和面盆的位置，同样预留出水口。

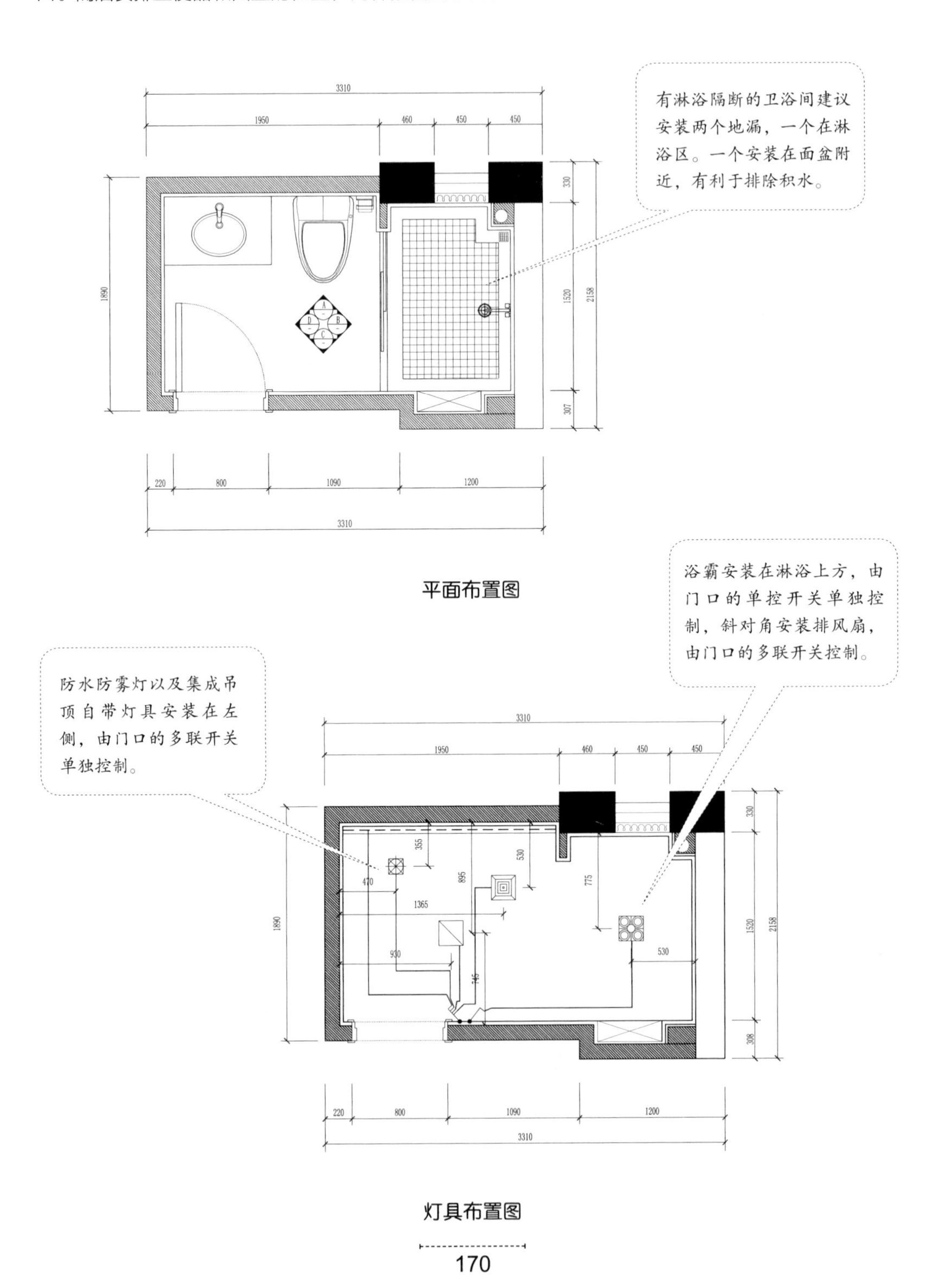

平面布置图

灯具布置图

镜子的上方和下方使用两条暗藏灯带，需要提前预留接线口，高度分别为离地 1270mm 和 2100mm。

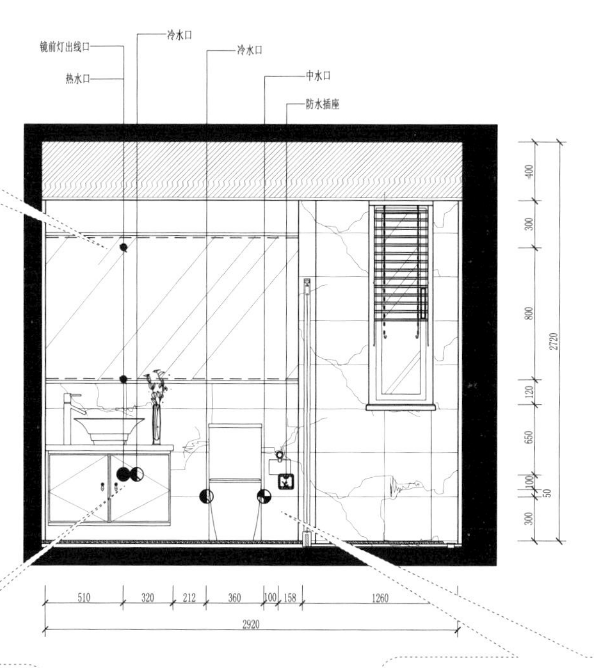

龙头安装位置偏左，因此在面盆下方右侧预留冷热水出水口，高度为离地 450mm，位置为左热右冷。

A 立面图

坐便器后方墙面上左右两侧分别需要预留冷水口和中水口，高度为离地 300mm。右侧墙面安装防水插座，用来插接智能坐便器的电线插头，安装高度为离地 350mm。

安装花洒的位置上需要预留冷热水出水口，高度为离地 1000mm，位置为左热右冷。

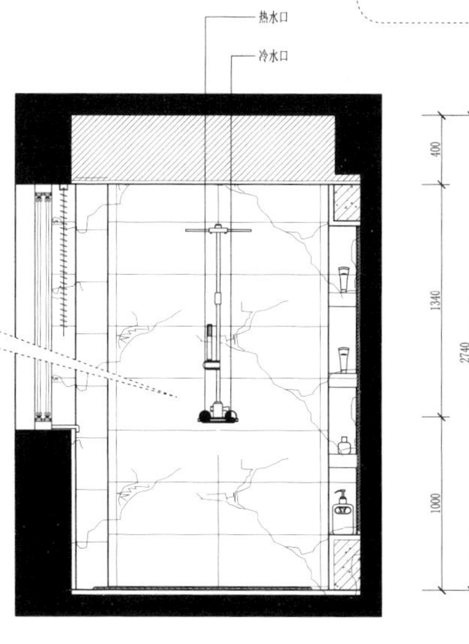

B 立面图

门开启方向的墙面上安装浴霸和灯具控制开关，高度为离地 1200mm。

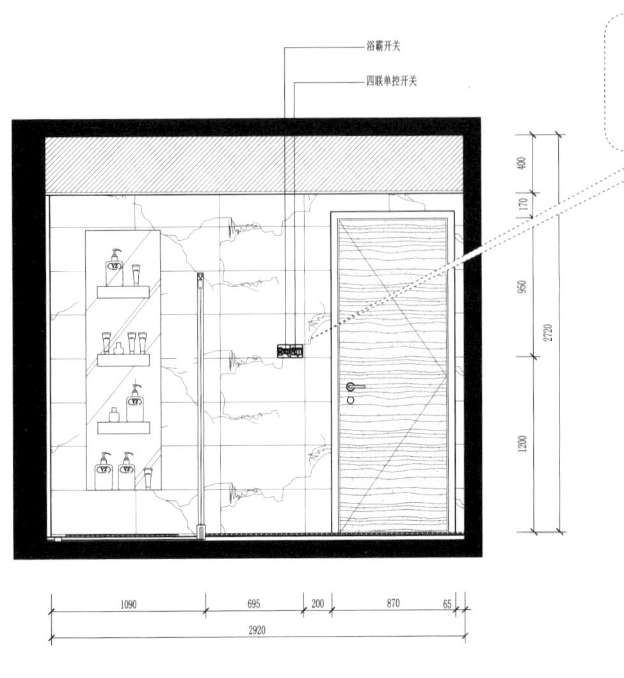

C 立面图

面盆左侧的墙壁上安装两个防水五孔插座，方便使用一些小电器，如吹风机和刮胡刀，高度为离地 1150mm。

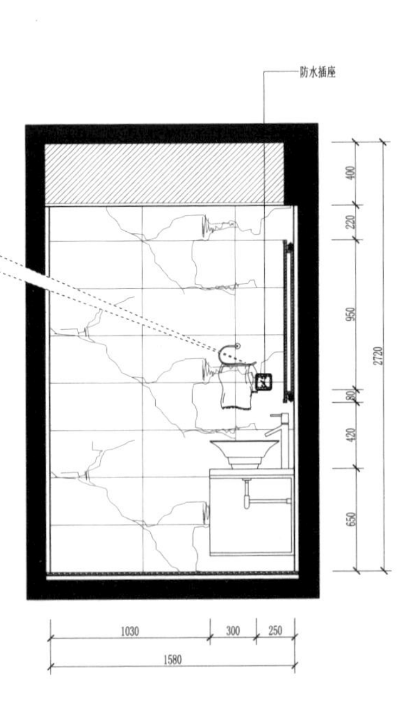

D 立面图